科技部重点研发计划"蓝色粮仓"科技创新　　重大科技成果｜稻渔工程丛书
江西省现代农业（特种水产）产业技术体系

稻渔工程
——稻田养鳅技术

丛书主编　洪一江

本册主编　王海华　　胡火根

本册副主编　马本贺　　盛军庆

本册编著者（按姓氏笔画排序）

马本贺　　王海华　　王梦杰　　李小勇　　李有根

李燕华　　吴　斌　　张爱芳　　胡火根　　段　明

洪一江　　徐先栋　　曹　烈　　盛军庆　　韩学忠

U0260460

中国教育出版传媒集团

高等教育出版社·北京

内容简介

　　本书主要介绍了稻田养鳅技术，包括稻鳅品种介绍、稻鳅综合种养田间工程、泥鳅苗种繁育、稻鳅综合种养管理、泥鳅病害防控、泥鳅起捕运输、稻鳅综合种养实例和稻鳅综合种养营销推广等八章内容，详细阐述了稻田养鳅技术措施、种养实例和经营方法。

　　本书以稻田种养理论为基础，与生产实践紧密结合，注重技术方法介绍、模式分析和生产指导，是一部有实际应用价值的参考书，适合从事农田生产和水产养殖的技术人员和管理人员学习与参考，亦可作为高校农学与水产相关专业实践类教材，以及水产科技人员的培训教材。

图书在版编目（ＣＩＰ）数据

　　稻渔工程.稻田养鳅技术 / 王海华，胡火根主编. —— 北京：高等教育出版社，2022.11
　　（稻渔工程丛书 / 洪一江主编）
　　ISBN 978-7-04-059025-8

　　Ⅰ.①稻… Ⅱ.①王… ②胡… Ⅲ.①水稻栽培②稻田养鱼－泥鳅 Ⅳ.①S511② S966.4

　　中国版本图书馆 CIP 数据核字（2022）第 132906 号

Daoyu Gongcheng：Daotian Yangqiu Jishu

| 策划编辑 | 吴雪梅 | 责任编辑 | 高新景 | 特约编辑 | 郝真真 |
| 封面设计 | 贺雅馨 | 责任印制 | 赵义民 | | |

出版发行	高等教育出版社	咨询电话	400-810-0598
社　　址	北京市西城区德外大街4号	网　　址	http://www.hep.edu.cn
邮政编码	100120		http://www.hep.com.cn
印　　刷	北京中科印刷有限公司	网上订购	http://www.hepmall.com.cn
开　　本	880mm×1230 mm　1/32		http://www.hepmall.com
印　　张	4.125		http://www.hepmall.cn
插　　页	2	版　　次	2022 年 11 月第 1 版
字　　数	120 千字	印　　次	2022 年 11 月第 1 次印刷
购书热线	010-58581118	定　　价	26.00元

本书如有缺页、倒页、脱页等质量问题，请到所购图书销售部门联系调换
版权所有　侵权必究
物 料 号　59025-00

《稻渔工程丛书》编委会

主　编　洪一江

编　委（按姓氏笔画排序）
　　　　王海华　刘文舒　许亮清　李思明　赵大显
　　　　胡火根　洪一江　曾柳根　简少卿

数字课程（基础版）

稻渔工程
——稻田养鳅技术

丛书主编　洪一江
本册主编　王海华　胡火根

稻渔工程——稻田养鳅技术

《稻渔工程——稻田养鳅技术》数字课程与纸质图书配套使用，是纸质图书的拓展和补充，数字课程包括彩色图片、稻鳅生产技术规程等，便于读者学习和使用。

用户名：　　　　密码：　　　　验证码：　　　　5360　忘记密码？　登录　注册

http://abook.hep.com.cn/59025

扫描二维码，下载Abook应用

序

中国稻田养鱼历史悠久，是最早开展稻田养鱼的国家。早在汉朝时，在陕西和四川等地就已普遍实行稻田养鱼，至今已有 2 000 多年历史。现今知名的浙江青田"稻渔共生系统"始于唐朝，距今也有 1 200 多年历史。光绪年间的《青田县志》载："田鱼，有红、黑、驳数色，土人在稻田及圩池中养之。"青田"稻渔共生系统"2005 年被联合国粮农组织列为全球重要农业文化遗产，也是我国第一个农业文化遗产。然而，直至中华人民共和国成立前，我国稻田养鱼基本上都处于自然发展状态。中华人民共和国成立后，在党和政府的重视下，传统的稻田养鱼迅速得到恢复和发展。1954 年第四届全国水产工作会议上，时任中共中央农村工作部部长邓子恢指出"稻田养鱼有利，要发展稻田养鱼"，正式提出了"鼓励渔农发展和提高稻田养鱼"的号召；1959 年全国稻田养鱼面积突破 $6.67 \times 10^5 \ hm^2$。1981 年，中国科学院水生生物研究所倪达书研究员提出了稻鱼共生理论，并向中央致信建议推广稻田养鱼，得到了当时国家水产总局的重视。2000 年，我国稻田养鱼面积发展到 $1.33 \times 10^6 \ hm^2$，成为世界上稻田养鱼面积最大的国家。进入 21 世纪后，为克服传统的稻田养鱼模式品种单一、经营分散、规模较小、效益较低等问题，以适应新时期农业农村发展的要求，"稻田养鱼"推进到了"稻渔综合种养"和"稻渔生态种养"的新阶段和新认识。2007 年"稻田生态养殖技术"被选入 2008—2010 年渔业科技入户主推技术。2017 年，我国首个稻渔综合种养类行业标准《稻渔综合种养技术规范 第 1 部分：通则》（SC/T 1135.1—2017）发布。2016—2018 年，连续 3 年中央一号文件和相关规划均明确表示支持稻渔综合种养发展。2017 年 5 月农业部部署国家级稻渔

I

综合种养示范区创建工作，首批 33 个基地获批国家级稻渔综合种养示范区。至 2020 年，全国稻渔综合种养面积超过 2.53×10^6 hm²。2020 年 6 月 9 日，习近平总书记考察宁夏银川贺兰县稻渔空间乡村生态观光园，了解稻渔种养业融合发展的创新做法，指出要注意解决好稻水矛盾，采用节水技术，积极发展节水型、高附加值的种养业。

　　为促进江西省稻渔综合种养技术的发展，在科技部、江西省科技厅、江西省农业农村厅渔业渔政局的大力支持下，在科技部重点研发计划"蓝色粮仓科技创新"重大专项"井冈山绿色生态立体养殖综合技术集成与示范"、国家贝类产业技术体系、江西省特种水产产业技术体系、江西省科技特派团、江西省渔业种业联合育种攻关等项目资助下，2016 年起，洪一江教授组织南昌大学、江西省水产技术推广站、江西省农业科学院、江西省水产科学研究所、南昌市农业科学院、九江市农业科学院、玉山县农业农村局等专家团队实施了稻渔综合种养技术集成与示范项目，从养殖环境、稻田规划、品种选择、繁育技术、养殖技术、加工工艺以及品牌建设等全方位进行研发和技术攻关，形成了具有江西特色的稻虾、稻鳖、稻蛙、稻鳅和稻鱼等"稻渔工程"典型模式。该种新型的"稻渔工程"是以产业化生产方式在稻田中开展水产养殖的方式，以"以渔促稻、稳粮增效"为指导原则，是一种具有稳粮、促渔、增收、提质、环境友好、发展可持续等多种生态系统功能的稻渔结合的种养模式，取得了良好的经济、生态和社会效益。

　　作为中国稻渔综合种养产业技术创新战略联盟专家委员会主任，2017 年，我受邀在江西神农氏生态农业开发有限公司成立江西省第一家稻渔综合种养院士工作站，洪一江教授的团队作为院士工作站的主要成员单位，积极参与和开展相关技术研究，他们在江西省开展了大量"稻渔工程"产业示范推广工作并取得了系列重要成果。例如，他们帮助九江凯瑞生态农业开发有限公司、江西神农氏生态农业开发有限公司先后获得国家级稻渔综合种养示范区称号；

首次提出在江西南丰县建立国内首家中华鳖种业基地并开展良种选育；首次提出"一水两治、一蚌两用"的生态净水理念并将创新的"鱼－蚌－藻－菌"模式用于实践，取得了明显效果。他们在国内首次提出和推出"稻－鱼－蚌－藻－菌"模式应用于稻田综合种养中，成功地实现了农药和化肥使用大幅度减少60%以上的目标，对保护良田，提高水稻和水产品质量，增加收入具有重要价值。以南昌大学为首的科研团队也为助力乡村振兴提供了有力抓手，他们帮助和推动了江西省多个地区和县市的稻渔综合种养技术，受到《人民日报》《光明日报》《中国青年报》、中央广播电视总台、中国教育电视台等主流媒体报道。南昌大学"稻渔工程"团队事迹入选教育部第三届省属高校精准扶贫精准脱贫典型项目，更是获得第24届"中国青年五四奖章集体"荣誉称号，特别是在人才培养方面，南昌大学指导的"稻渔工程——引领产业扶贫新时代"项目和"珍蚌珍美——生态治水新模式，乡村振兴新动力"项目分别获得中国"互联网+"大学生创新创业大赛银奖和金奖。

获悉南昌大学、高等教育出版社联合组织了江西省本领域的知名专家和具有丰富实践经验的生产一线技术人员编写这套《稻渔工程丛书》，邀请我作序，我欣然应允。

本丛书有三个特点：第一，具有一定的理论知识，适合大学生、技术人员和新型职业农民快速掌握相关知识背景，对提升理论和实践水平有帮助；第二，具有明显的时代感，针对广大养殖业者的需求，解决当前生产中出现的难题，因地制宜介绍稻渔工程新技术，以利于提升整个行业水平；第三，具有前瞻性，着力向业界人士宣传以科学发展观为指导，提高"质量安全"和"加快经济增长方式转变"的新理念、新技术和新模式，推进标准化、智慧化生产管理模式，推动一、二、三产业融合发展，提高农产品效益。

本丛书内容基本集齐了当今稻渔理论和技术，包括稻渔环境与质量、稻田养鱼技术、稻田养虾技术、稻田养鳖技术、稻田养蛙技术和稻田养鳅技术等方面的内容，可供水产技术推广、农民技能培训、科技入户使用，也可作为大中专院校师生的参考教材，希望它能够成为广大农民掌握科技知识、增收致富的好帮手，成为广大热爱农业人士的良师益友。

　　谨此衷心祝贺《稻渔工程丛书》隆重出版。

中国科学院院士、发展中国家科学院院士
中国科学院水生生物研究所研究员
2022 年 3 月 26 日于武汉

　　2017年2月，中央一号文件点名要发展稻田综合种养。文件提到要"发展规模高效养殖业"，而稻田综合种养被认为是一种值得推进和推广的、高效的养殖模式。2017年10月，党的十九大报告提出实施"乡村振兴战略"，明确了"产业兴旺、生态宜居、乡风文明、治理有效、生活富裕"的总要求，其中"产业兴旺"是第一任务。2018年，中央一号文件《中共中央 国务院关于实施乡村振兴战略的意见》指出，农业发展必须走生态农业、绿色、健康、可持续发展的道路，稻田综合种养符合国家乡村振兴战略发展的要求。

　　稻渔综合种养是将种植业和养殖业有机结合的一种生产模式，也是发展生态农业、提高稻田综合效益的一项重要技术措施，不仅提高了农田资源利用率，还改善了稻田生态结构与功能，可以实现"一水两用、一田双收、生态循环、高效节能"。稻渔综合种养特别适合江西环鄱阳湖区低洼两用田及丘陵山区的低产田、一季田和冷浆田推广。"十三五"以来，江西创建集成并示范推广了稻虾、稻鱼、稻鳖、稻鳅和稻蛙等稻渔工程模式。基于此，我们编写了本丛书，共有6册，可供广大从业者参考使用。

　　稻田养鳅充分利用生物共生互利原理，种植、养殖相互促进，显著增加了稻田综合效益。在人工构建的稻鳅共作生态系统中，稻田为泥鳅的生长提供了天然适宜的场所，而泥鳅在稻田中的除草、除虫、造肥、增加水体溶解氧等作用促进了水稻的生长，水稻和泥鳅发挥共生互利的作用，可以减少农药、化肥使用量，有效改善土壤理化性质，促进水稻的生长，提高稻田产量和产值。目前，江西稻鳅综合种养产业呈现良好发展态势，南昌市、赣州市、九江市、上饶市、宜春市、吉安市、抚州市等地标准化生产、规模化开发成效显著。稻田养鳅符合生态农业发展方向，该模式的推广应用有利于推动江西水稻种植与水产养殖的融合发展、绿色发展，对于江西农业的高质量发展与转型升级意义重大。

本书的编写分工如下，第一章由王海华、胡火根、段明编写，第二章由张爱芳、曹烈、王梦杰编写，第三章由盛军庆、洪一江、李有根编写，第四章由张爱芳、王海华、吴斌编写，第五章由徐先栋、王海华、韩学忠编写，第六章由盛军庆、王海华、吴斌编写，第七章由马本贺、段明、李小勇、胡火根编写，第八章由吴斌、李燕华、王海华编写，附录由王海华、马本贺、段明整理。本书在编写过程中，参阅了众多国内外文献书籍、科研成果和技术资料，借鉴了大量生产实践案例，在此一并向相关作者致谢！由于时间仓促及编著人员水平有限，错漏之处敬请广大读者批评指正！

本丛书承蒙中国稻渔综合种养产业技术创新战略联盟专家委员会主任、中国科学院院士、发展中国家科学院院士、中国科学院水生生物研究所研究员桂建芳先生作序，编著者对此关爱谨表谢忱。

编著者

2022 年 5 月

目　录

第一章　稻鳅品种介绍 ……………………………………… 1

第一节　水稻品种 ……………………………………… 1
　一、早稻 ……………………………………………… 2
　二、中晚稻 …………………………………………… 7
　三、晚稻 ……………………………………………… 13
第二节　泥鳅品种 ……………………………………… 19
　一、主要种类及其鉴别 ……………………………… 20
　二、新选育品种（品系） …………………………… 25

第二章　稻鳅综合种养田间工程 …………………… 27

第一节　基地选择 ……………………………………… 27
　一、位置适宜原则 …………………………………… 27
　二、水源充足清洁原则 ……………………………… 28
　三、土壤肥沃保水原则 ……………………………… 28
　四、田块连片易排灌原则 …………………………… 28
第二节　田间工程建设 ………………………………… 29
　一、开挖沟、坑 ……………………………………… 29
　二、加高、加固田埂 ………………………………… 31
　三、搭建防逃、防敌害设施 ………………………… 31
　四、装配排灌系统 …………………………………… 33
　五、设置食台 ………………………………………… 33

第三章　泥鳅苗种繁育 ···················· 35

第一节　泥鳅人工繁殖 ···················· 35
一、繁殖设施建设 ···················· 35
二、亲鳅雌雄鉴别 ···················· 37
三、催产 ···················· 37
四、孵化 ···················· 40

第二节　泥鳅苗种培育 ···················· 41
一、育苗池的建设 ···················· 41
二、育苗池的准备 ···················· 43
三、泥鳅苗种活饵料的培育 ···················· 44
四、苗种培育 ···················· 46

第三节　泥鳅苗种放养 ···················· 48
一、苗种放养 ···················· 48
二、泥鳅苗敌害防治 ···················· 50

第四章　稻鳅综合种养管理 ···················· 51

第一节　种植管理 ···················· 51
一、田间管理 ···················· 51
二、育秧及栽插 ···················· 52
三、肥料运筹 ···················· 52
四、水位管理 ···················· 52
五、病虫草害防治 ···················· 53
六、收获水稻 ···················· 53

第二节　养殖管理 ···················· 54
一、水质管理 ···················· 54
二、投饵管理 ···················· 54
三、病害防治 ···················· 55

四、生物敌害防治 ･･････････････････････････････ 56
五、日常巡查 ･･･････････････････････････････････ 56

第五章　泥鳅病害防控 ･････････････････････････ 58

第一节　细菌性鳅病及其防治 ･･････････････････････ 58
一、赤皮病 ･････････････････････････････････････ 58
二、出血病 ･････････････････････････････････････ 59
三、肠炎病 ･････････････････････････････････････ 60
四、打印病 ･････････････････････････････････････ 60
五、烂鳃病 ･････････････････････････････････････ 61
第二节　寄生虫鳅病及其防治 ･･････････････････････ 62
一、杯体虫病 ･･･････････････････････････････････ 62
二、车轮虫病 ･･･････････････････････････････････ 63
三、指环虫病 ･･･････････････････････････････････ 63
四、三代虫病 ･･･････････････････････････････････ 64
五、小瓜虫病 ･･･････････････････････････････････ 65
六、锥体虫病 ･･･････････････････････････････････ 66
第三节　真菌性鳅病及其他 ････････････････････････ 67
一、水霉病 ･････････････････････････････････････ 67
二、气泡病 ･････････････････････････････････････ 68
三、应激综合征 ････････････････････････････････ 69
四、水质恶化导致的疾病 ････････････････････････ 69
五、白尾病 ･････････････････････････････････････ 70
六、红环白身病 ････････････････････････････････ 70
七、烂口病 ･････････････････････････････････････ 70
八、生物敌害 ･･･････････････････････････････････ 71
九、非生物敌害 ････････････････････････････････ 71

第六章　泥鳅起捕运输 ················· 72

第一节　泥鳅捕捞 ·················· 72
一、捕捞工具 ··················· 72
二、捕捞方法 ··················· 73
三、起捕技术 ··················· 77
四、不同养殖方式泥鳅的捕捞 ········· 78
第二节　泥鳅运输 ·················· 81
一、干法运输 ··················· 81
二、带水运输 ··················· 82
三、降温运输 ··················· 82

第七章　稻鳅综合种养实例 ············· 83

第一节　稻鳅共作综合种养实例与技术点睛 ······· 83
一、稻鳅共作综合种养实例 ··········· 83
二、稻蛙鳅共作综合种养实例 ·········· 85
三、水蚯蚓＋稻鳅共作综合种养实例 ······ 88
四、梯田稻鳅共作综合种养实例 ········· 90
五、稻鳅虾共作（轮作）综合种养实例 ····· 91
第二节　莲（茭）鳅共作综合种养实例 ········· 93
一、莲鳅共作综合种养实例 ··········· 93
二、茭鳅共作综合种养实例 ··········· 94

第八章　稻鳅综合种养营销推广 ··········· 96

第一节　稻鳅综合种养发展现状 ············ 96
第二节　稻鳅综合种养开发模式与产品定位 ······· 98
一、稻鳅综合种养开发模式 ··········· 99

二、稻鳅综合种养产品定位 ·············· 100

三、稻鳅综合种养产品营销策略 ·············· 102

第三节　营销推广方法与技巧 ·············· 104

一、已有的农产品营销模式 ·············· 104

二、稻鳅综合种养营销推广方法与技巧 ·············· 105

附录　稻鳅生产技术规程 ·············· 109

参考文献 ·············· 114

第一章

稻鳅品种介绍

稻田综合种养一田两用，既种稻又养殖，互利共生，具有明显的减肥减药、稳产增效、资源节约、环境友好的综合效应，是实现农业绿色发展和乡村振兴的重要途径，也是促进农业现代化的重要措施。但稻田综合种养想要获得双收双赢，首先要选择合适的水稻和养殖品种。稻田养殖泥鳅是在同一块稻田既种稻又养鳅，形成"水稻护鳅 – 鳅吃虫饵 – 鳅粪肥田"的天然生态链，在生产过程中要求减量或不使用化学肥料、农药、生长调节剂，通过采取农作、物理和生物的方法来培肥土壤，防治虫害，以生产出安全、优质的大米和泥鳅。因此，稻田养殖泥鳅需要选择适合稻田种养环境的水稻和泥鳅品种，并配套相应的种养操作规程。

第一节　水　稻　品　种

目前，我国的水稻品种很多，不同的水稻品种具有不同的生长习性和生理特性，对生长环境的要求也是不一样的。稻田养殖泥鳅在选择水稻品种时应当注意以下几方面因素。

首先，应当考虑的是该水稻品种是否适合当地的生长条件。要因地制宜，从当地的积温、水稻生育期、降水情况、栽培水平、土壤肥力、水资源情况、病虫害发生等多方面来选择良种，如在稻瘟病易发区应选用抗病性强的品种，在低温冷害易发地区应选用抗低温冷害强的品种，在土质肥沃、栽培水平高、自流灌溉区应选择耐肥抗倒伏品种，在水源不足地区应选择耐旱品种，合理选用早、中、晚稻品种，做到"种尽其用，地尽其力"。

其次，考虑该水稻品种是否适合开展稻鳅综合种养。一般而言，稻田养鳅种植的水稻须具有耐肥力强、矮秆、抗倒伏、分蘖力强、生长期长、高产优质、抗病性能好的特点，且水稻的生育期需要与泥鳅养殖周期相匹配，既不要过早熟品种，又不能选用超晚熟品种。

再次，就是要尽可能选择优质高产的水稻品种。随着人们生活水平的提高，人们对稻米品质的要求越来越高，消费者喜欢食用外观品质和食味均好的优质稻米，在市场上优质米的价格明显高于一般稻米。因此，稻鳅生产应选择种植既高产又优质的水稻品种，以提高稻鳅综合种养效益。

最后，选购水稻品种要看"三证"（种子销售许可证、种子质量合格证、营业执照）。选择经国家审定的适合本区域种植的水稻品种，防止购买假种、劣种和不合格品种；选择达到国家标准的良种，种子纯度、发芽率、净度、水分指标必须达到国家标准；同时，还要选择标准化和规范化良种，如具备完整的良种包装、合格证、说明书、标签、名称、品种特性、适应范围、注意事项等。

现阶段适合江西栽种，被列入全省推广的优质水稻品种共20个（早稻5个、中晚稻7个、晚稻8个）。早稻包括常规品种2个：'中嘉早17''江早361'；杂交品种3个：'陵两优722''潭两优83''株两优171'；中晚稻包括常规品种4个：'黄华占''赣晚籼37号'（原名'926'）、'美香新占''赣晚籼38号'（原名'外七'）；杂交品种3个：'天优华占''和两优625''晶两优华占'；晚稻8个全部为杂交品种：'泰优398''五优华占''泰优98''早丰优华占''五优61''吉优雅占''荣优华占''天优雅占'。

一、早稻

1. '中嘉早17'（国审稻2009008）

（1）选育单位　江西科源种业有限公司、中国水稻研究所。

（2）品种来源　'中选181'和'嘉育253'常规选育。

（3）特征特性　籼型常规水稻品种。全生育期平均 109 d。株型适中，分蘖力中等，茎秆粗壮，叶片宽挺，熟期转色好，穗长 18 cm，结实率 82.5%，千粒重 26.3 g。稻瘟病综合指数 5.7。

（4）产量表现　2007 年、2008 年国家水稻区试，两年平均每公顷产 7 764.6 kg，比对照'浙 733'增产 9.12%。

（5）技术要点　大田用种量每公顷 45.0 ~ 52.5 kg，湿润育秧大田用种量每公顷 67.5 ~ 75.0 kg，注意种子消毒处理，培育壮秧。适时移栽，每公顷插足基本苗 150 万苗以上；每公顷抛栽 37.5 万株、基本苗 150 万苗以上。需肥量中等，宜施足基肥，早施追肥，合理管水，成熟收获前 4 ~ 6 d 断水。注意及时防治病虫害。

（6）适宜地区　稻瘟病轻发区种植。

（7）推荐理由　农业农村部主推品种。高产、稳产，适应性较广，是种植面积较大的常规水稻品种。同时稻谷利于保管，是主要储备粮品种之一，2016 年稻谷市场参考收购价格为 2.6 元 /kg 左右。

（8）风险提示　①该品种为常规水稻品种，应加大用种量。②苗期易发恶苗病等病害，播种前应用药剂浸种，防苗期病害。③种植年份较久，应重点防治稻瘟病。④粮价随市场波动，价格仅供参考。

2.'江早 361'（赣审稻 2014026）

（1）选育单位　江西科源种业有限公司。

（2）品种来源　'嘉早 311'和'Z6340'常规选育。

（3）特征特性　籼型常规水稻品种。全生育期 110.2 d。株型适中，剑叶宽挺，叶色浓绿，茎秆粗壮，分蘖力中，稃尖紫色，穗粒数多、着粒密，熟期转色好。株高 82.7 cm，穗长 17.3 cm，结实率 88.0%，千粒重 26 g。稻瘟病综合指数 4.8，穗颈瘟损失率最高级 9 级。

（4）产量表现　2013 年、2014 年江西省水稻区试，两年平均每公顷产 7 822.35 kg，比对照'中早 35'增产 4.38%。

（5）技术要点　软盘抛秧于 3 月 20—25 日播种，湿润育秧于 3 月底至 4 月初播种，大田用种量每公顷 67.5～75.0 kg。软盘抛秧 3.1～4.1 叶期抛栽，移栽秧龄 23～27 d。栽插规格 16.67 cm×20.00 cm。每穴插 6 粒谷或每平方米抛栽 33～35 穴。施足基肥，早施追肥，每公顷施纯氮 150～180 kg，氮、磷、钾肥施用比例为 1.0：0.5：1.0。无水抛秧，浅水分蘖，够苗晒田，有水抽穗，干湿交替壮籽，后期不要断水过早。根据当地农业部门病虫预报，重点施药防治稻瘟病等病虫害。

（6）适宜地区　稻瘟病轻发区种植。

（7）推荐理由　稳产、高产、适应性较广，是种植面积逐年增大的常规水稻品种。同时稻谷利于保管，是主要储备粮品种之一，2016 年稻谷市场参考收购价格为 2.6 元 /kg 左右。

（8）风险提示　①该品种为常规水稻品种，应加大用种量。②苗期易发恶苗病等病害，播种前应用药剂浸种，防苗期病害。③高感稻瘟病，重发区不宜种植。④粮价随市场波动，价格仅供参考。

3.‘陵两优 722’（国审稻 2014005）

（1）选育单位　江西红一种业科技有限公司、中国水稻研究所、湖南亚华种业科学研究院。

（2）品种来源　‘H750S’בー中早 22’。

（3）特征特性　籼型两系杂交水稻品种。全生育期 112.8 d。株高 82.1 cm，结实率 86.5%，千粒重 28.6 g。稻瘟病综合指数 4.8，穗颈瘟损失率最高级 9 级。

（4）产量表现　2011 年、2012 年国家水稻区试，两年平均每公顷产 7 702.5 kg，比对照‘金优 402’增产 7.5%。

（5）技术要点　软盘抛秧于 3 月 22 日左右播种，湿润育秧 3 月底前后播种，大田用种量每公顷 30.0～37.5 kg，稀播匀播，培育多蘖壮秧。软盘抛秧 3.1～3.5 叶期抛栽，湿润育秧 5 叶期移栽，栽插规格 16.5 cm×20.0 cm，每穴插 2～3 粒谷。需肥水平中上，施足底肥、早施追肥、后期严控氮素，中等肥力田块每公顷施 25% 水稻专用复合肥 525 kg 作底肥，移栽后 5～7 d 结合施用除草剂追施尿素 112.5 kg，幼穗分化初期施氯化钾 112.5 kg，后期看苗适当补施穗肥。分蘖期干湿交替促分蘖，及时落水晒田，孕穗期以湿为主，抽穗期保持田间有浅水，灌浆期以润为主，干湿交替，切忌断水过早。播种前药剂浸种，防恶苗病；注意及时防治稻瘟病、纹枯病、二化螟、稻纵卷叶螟、稻飞虱等病虫害。

（6）适宜地区　稻瘟病轻发区种植。

（7）推荐理由　株高偏矮，易管易种，结实率高，稳产性较强，熟期适中，适应性广，是种植面积逐年增大的杂交水稻品种。2016 年稻谷市场参考收购价格为 2.6 元 /kg 左右。

（8）风险提示　①该品种为杂交种，不能留种。②苗期易发恶苗病等病害，播种前应用药剂浸种。③后期严控氮肥。④高感稻瘟病，重发区不宜种植。⑤粮价随市场波动，价格仅供参考。

4.'潭两优 83'（国审稻 2010002）

（1）选育单位　湘潭市农业科学研究所。

（2）品种来源　'潭农 S'×'潭早 183'。

（3）特征特性　籼型两系杂交水稻品种。全生育期平均109.4 d。株型适中，叶鞘、叶耳、稃尖无色，株高 82.7 cm，结实率84.4%，千粒重 26.1 g。稻瘟病综合指数 2.8。

（4）产量表现　2008 年、2009 年国家水稻区试，两年平均每公顷产 7 531.5 kg，比对照'浙 733'增产 7.4%。

（5）技术要点　大田用种量每公顷 30 kg。秧龄 20～25 d 移栽，大田每公顷栽插密度 30 万穴，每穴插 2～3 粒谷，每公顷插足基本苗 120 万～150 万。施足基肥，巧施追肥，齐穗后视情况适量补施壮籽肥；灌浆结实期干湿交替。注意及时防治病虫害。

（6）适宜地区　稻瘟病轻发区种植。

（7）推荐理由　株高矮，熟期早，结实率高，易管易种，可直播，是种植面积较大的杂交水稻品种。2016 年稻谷市场参考收购价格为 2.6 元 /kg 左右。

（8）风险提示 ①该品种为杂交种，不能留种。②秧龄期控制在 30 d 以内。③种植年份较久，应重点防治稻瘟病。④粮价随市场波动，价格仅供参考。

5. '株两优 171'（赣审稻 2015049）

（1）选育单位 中国水稻研究所。

（2）品种来源 '株 1S'×'中恢 171'。

（3）特征特性 籼型两系杂交水稻品种。全生育期 109.5 d。株型适中，剑叶挺直，田间长相清秀，分蘖力强，有效穗多，稃尖紫色，穗粒数多，熟期转色好。株高 88.5 cm，穗长 17.7 cm，结实率 84.6%，千粒重 24.5 g。稻瘟病综合指数 3.3，穗颈瘟损失率最高级 9 级。

（4）产量表现 2014 年、2015 年江西省水稻区试，两年平均每公顷产 7 551.45 kg，比对照 '中早 35' 增产 5.24%。

（5）技术要点 3 月 25 日左右播种，大田用种量每公顷 30 kg。秧龄 30 d 左右。栽插规格 16.67 cm×20.00 cm，每穴插 3～4 粒谷。每公顷施 45% 复合肥 450 kg、尿素 75 kg 作基肥，移栽后 5～7 d 结合施用除草剂每公顷追施尿素 150 kg、氯化钾 75 kg 促分蘖，后期看苗补施穗粒肥。深水活兜，浅水勤灌，够苗晒田，干湿交替壮籽，后期不要断水过早。根据当地农业部门病虫预报，及时防治稻瘟病、纹枯病、二化螟、稻纵卷叶螟、稻飞虱等病虫害。

（6）适宜地区 稻瘟病轻发区种植。

（7）推荐理由 株型较好，适应性广，熟期适中，结实率高，稳产性较强，是种植面积逐年增大的杂交水稻品种。2016 年稻谷市场参考收购价格为 2.6 元 /kg 左右。

（8）风险提示 ①该品种为杂交种，不能留种。②高感稻瘟病，重发区不宜种植。③后期看苗补施穗粒肥。④粮价随市场波动，价格仅供参考。

二、中晚稻

1. '黄华占'（赣引稻 2009010）

（1）选育单位　广东省农业科学院水稻研究所。

（2）品种来源　'黄新占'和'丰华占'常规选育。

（3）特征特性　籼型常规水稻品种。2013 年引种试验，全生育期 128.2 d 左右。株型适中，茎秆坚韧，剑叶挺直，熟期转色好。株高 95.4 cm，结实率 84.9%，千粒重 20.9 g。米质达国优 2 级。稻瘟病综合指数 5.7。

（4）产量表现　2013 年江西省水稻引种试验，平均每公顷产 8 332.5 kg。

（5）技术要点　5 月中下旬播种，秧田播种量每公顷 225 kg，大田用种量每公顷 22.5～30.0 kg，秧龄不超过 30 d。栽插规格 16.67 cm×20.00 cm，每穴插 3～4 粒谷，每公顷插足基本苗 180 万～225 万。施足基肥，早施重施促蘖肥，后期看苗补施钾肥。深水返青，浅水分蘖，后期不宜断水过早。根据当地农业部门的病虫预报，及时防治病虫害。

（6）适宜地区　稻瘟病轻发区种植。

（7）推荐理由　米质优，抗性较强，产量较高，适应性广，是种植面积大且稳定的常规水稻品种，深受市场和粮食加工企业青睐。

（8）风险提示　①该品种为常规水稻品种，应加大用种量。②提前处理秧田上年的遗留稻种，防止大田混杂。③该品种米质较优，为确保米质，应合理安排播种期，施足基肥，早施、重施促蘖肥，控施氮肥，后期看苗补施钾肥，后期断水不宜过早。④种植年份较久，应重点防治稻瘟病。

2. '赣晚籼 37 号'（原名 '926'，赣审稻 2005054）

（1）选育单位　江西省农业科学院水稻研究所。

（2）品种来源　'赣晚籼 30 号'自然杂交选育。

（3）特征特性　籼型常规水稻品种。全生育期 126.9 d。株型适中，植株整齐，分蘖力较强，有效穗较多，穗型长，着粒稀。株高137.4 cm，结实率79.9%，千粒重27.4 g。米质达国优3级。穗颈瘟损失率最高级9级，高感稻瘟病。

（4）产量表现　2003年、2004年江西省水稻区试，2003年平均每公顷产6 938.4 kg，比对照'汕优63'减产10.04%，差异显著；2004年平均每公顷产7 588.05 kg，比对照'汕优63'减产2.92%。

（5）技术要点　5月中下旬播种，秧田播种量每公顷150～225 kg，大田用种量每公顷22.5～30.0 kg。秧龄30 d，栽插规格16.67 cm×20.00 cm，每穴插4粒谷，每公顷插足基本苗120万。播种前秧田每公顷施钙镁磷肥375 kg，2叶1心期每公顷施尿素、氯化钾各45～60 kg作"断奶肥"，移栽前5 d用等量的肥料施一次"送嫁肥"。大田移栽前每公顷施钙镁磷肥450 kg，移栽后5～7 d每公顷施尿素225 kg、氯化钾300 kg，倒2叶露尖期每公顷施氯化钾150 kg。氮、磷、钾肥施用比例为1.0∶0.5∶1.5。带水插秧，插后灌水护苗，有效分蘖期浅水与露田相结合，即每次灌水2～3 cm，待其自然落干后露田1～2 d再灌2～3 cm浅水，当苗数达到计划苗数的80%时，立即排水晒田，至倒2叶露尖期复水2～3 cm，直至乳熟期，收割前7 d断水。秧苗期主要防治稻蓟马、稻瘟病，大田主要防治叶瘟、穗瘟、稻纵卷叶螟、螟虫、稻飞虱和纹枯病。

（6）适宜地区　平原地区的稻瘟病轻发区种植。

（7）推荐理由　米质优，产量较高，是种植面积较稳定的常规水稻品种，深受市场和粮食加工企业青睐。

（8）风险提示　①该品种为常规水稻品种，应加大用种量。②种植年份较久，应重点防治稻瘟病。③植株较高，应注意防倒伏。④该品种米质优，为确保米质，应合理安排播种期，施足基肥，早施重施促蘖肥，控施氮肥，后期看苗补施钾肥，后期断水不宜过早。⑤生育期适中，抽穗扬花期避开高温。

3.'美香新占'（赣审稻2016026）

（1）选育单位　江西兴安种业有限公司、深圳市金谷美香实业有限公司。

（2）品种来源　'美香占 2 号'系选育。

（3）特征特性　籼型常规晚稻品种。全生育期 122.4 d。株型适中，剑叶直，分蘖力强，有效穗多，秆尖无色，穗粒数多、着粒密，熟期转色好。株高 89.8 cm，穗长 20.4 cm，结实率 74.3%，千粒重 21.3 g。米质达国优 3 级。穗颈瘟损失率最高级 7 级，高感稻瘟病；稻瘟病综合指数 2.5。

（4）产量表现　2014 年江西省水稻区试，平均每公顷产 8 206.8 kg，比对照'天优华占'减产 6.86%，差异极显著。

（5）技术要点　6 月 20 日前播种，秧田播种量每公顷 300 kg，大田用种量每公顷 37.5 kg。秧龄 20 ~ 25 d。栽插规格 16.67 cm × 23.33 cm 或 20.00 cm × 20.00 cm，每穴插 3 ~ 4 粒谷。大田每公顷施纯氮 150 kg，氮、磷、钾肥施用比例为 1.0 : 0.6 : 1.0，每公顷施 45% 三元复合肥 375 kg 作底肥，栽后 5 ~ 7 d 结合施用除草剂每公顷追施尿素 105 ~ 150 kg 作追肥，幼穗分化初期每公顷施氯化钾 112.5 kg，后期看苗补施穗肥。浅水移栽，寸水返青，干湿交替促分蘖，够苗晒田，有水孕穗，浅水抽穗，湿润灌浆，收割前 7 d 断水。根据当地农业部门病虫预报，及时防治稻瘟病、纹枯病、二化螟、稻纵卷叶螟、稻飞虱等病虫害。

（6）适宜地区　稻瘟病轻发区种植。

（7）推荐理由　米质优，适应性广，稳产性好，是种植面积逐年增大的常规水稻品种，深受市场和粮食加工企业青睐，是高端米首选常规品种之一。

（8）风险提示　①该品种为常规水稻品种，应加大用种量。②提前处理秧田上年的遗留稻种，防止大田混杂。③该品种米质优，为确保米质，应合理安排播种期，施足基肥，早施、重施促蘖肥，控施氮肥，后期看苗补施钾肥，后期断水不宜过早。④生育期适中，抽穗扬花期避开高温。

4.'赣晚籼 38 号'（原名'外七'，赣审稻 2008002）

（1）选育单位　江西省农业科学院水稻研究所、江西省邓家埠水稻原种场农业科学研究所。

（2）品种来源　泰国引进的优质常规一季稻品种。

（3）特征特性　籼型常规水稻品种。全生育期 160～165 d。株型较紧凑，分蘖力强，茎秆粗壮，剑叶微卷，着粒较密，秆尖无色。株高 125.0 cm，结实率 82.4%，千粒重 28 g。米质优。

（4）产量表现　大田种植每公顷产可达 7 188.6 kg。

（5）技术要点　4月下旬至5月上旬播种，秧田播种量每公顷 225 kg，大田用种量每公顷 22.5 kg。秧龄 25～30 d。栽插规格 20.00 cm×23.33 cm 或 20.00 cm×26.67 cm，每穴插2粒谷。每公顷施钙镁磷肥 450 kg 作基肥，移栽后 5～7 d 每公顷追施尿素 225 kg、氯化钾 300 kg，氮、磷、钾肥施用比例为 1.0∶0.5∶1.5。浅水插秧，灌水护苗，浅水分蘖，够苗晒田，收割前 7 d 断水。根据当地农业部门的病虫预报，及时防治病虫害。

（6）适宜地区　稻瘟病轻发区种植。

（7）推荐理由　米质优，是种植面积较稳定的常规水稻品种。深受市场和粮食加工企业青睐，是高端米首选常规品种之一。

（8）风险提示　①该品种为常规水稻品种，应加大用种量。②生育期较长，应合理安排播种期，确保安全齐穗。③该品种米质优，应施足基肥，早施、重施促蘖肥，控施氮肥，后期看苗补施钾肥，后期断水不宜过早。④种植年份较久，应重点防治稻瘟病。⑤植株较高，应采取相应措施防倒伏。

5.'天优华占'（国审稻 2011008）

（1）选育单位　江西先农种业有限公司、中国水稻研究所。

（2）品种来源　'天丰 A'ד华占'。

（3）特征特性　籼型三系杂交水稻品种。全生育期平均 131.0 d。植株较矮，株型适中，群体整齐，剑叶挺直，秆尖紫色，谷粒有短顶芒，熟期转色好。株高 109.6 cm，结实率 82.7%，千粒重 24.9 g。米质较优。稻瘟病综合指数 3.1。

（4）产量表现 2009 年、2010 年国家水稻区试，两年平均每公顷产 8 860.5 kg，比对照'Ⅱ优 838'增产 7.4%。

（5）技术要点 秧田播种量每公顷 90 kg，大田用种量每公顷 15 kg，适时播种，培育壮秧。适龄移栽，插足基本苗，采取宽行窄株为宜。移栽后早施追肥，水分管理做到浅水插秧活棵，薄水发根促蘖；孕穗期至齐穗期田间有水层；齐穗后应间歇灌溉，湿润管理，成熟收获前 5~6 d 断水。根据当地农业部门的病虫预报，及时防治病虫害。

（6）适宜地区 稻瘟病轻发区种植。

（7）推荐理由 农业农村部主推品种。稳产、高产，适应性广，是种植面积较大的杂交水稻品种。

（8）风险提示 ①该品种为杂交种，不能留种。②生育期适中，应合理安排播种期，抽穗扬花期避开高温。③该品种米质较优，应施足基肥，早施分蘖肥，控施氮肥，后期断水不宜过早。

6.'和两优 625'（赣审稻 2015007）

（1）选育单位 江西科源种业有限公司。

（2）品种来源 '和 620S'בR6265'。

（3）特征特性 籼型两系杂交水稻品种。全生育期 125.2 d。株型适中，剑叶挺直，叶色浓绿，长势繁茂，分蘖力强，有效穗多，稃尖无色，穗大粒多，熟期转色好。株高 120.7 cm，穗长 25.0 cm，结实率 84.9%，千粒重 24.6 g。米质较优。穗颈瘟损失率最高级 9 级，高感稻瘟病。

（4）产量表现 2012 年、2013 年江西省水稻区试，两年平均每公顷产 8 629.65 kg，比对照'Y 两优 1 号'增产 3.32%。

（5）技术要点 丘陵、山区 4 月下旬至 5 月中旬播种，平原、湖区 5 月 23—28 日播种，秧田播种量每公顷 150 kg，大田用种量每公顷 15 kg。秧龄 30 d。栽插规格 16.67 cm×26.67 cm，每穴插 2 粒谷。基肥足、蘖肥早、穗肥饱、粒肥巧，每公顷施纯氮 255 kg，氮、磷、钾肥施用比例为 1.0∶0.5∶1.1。够苗晒田，有水孕穗，湿润灌浆，后期不要断水过早。加强稻瘟病、稻飞虱等病虫害的防治。

（6）适宜地区   稻瘟病轻发区种植。

（7）推荐理由   适应性广，稳产、高产，是种植面积逐年增大的杂交水稻品种。

（8）风险提示   ①该品种为杂交种，不能留种。②生育期适中，应合理安排播种期，抽穗扬花期避开高温。③高感稻瘟病，稻瘟病重发区不宜种植。

7.'晶两优华占'（赣审稻 2016007）

（1）选育单位   江西天涯种业有限公司、湖南亚华种业科学研究院、中国水稻研究所。

（2）品种来源   '晶 4155S'בΙ华占'。

（3）特征特性   籼型两系杂交水稻品种。全生育期 129.3 d。株型适中，剑叶挺直，长势繁茂，分蘖力强，有效穗多，稃尖无色，穗粒数多，熟期转色好。株高 113.4 cm，穗长 24.4 cm，结实率 84.3%，千粒重 22.9 g。穗颈瘟损失率最高级 7 级，高感稻瘟病；稻瘟病综合指数 2.1。

（4）产量表现   2013 年、2015 年江西省水稻区试，两年平均每公顷产 9 077.85 kg，比对照'Y 两优 1 号'增产 5.52%。

（5）技术要点   5 月 16 日左右播种，秧田播种量每公顷 150 kg，大田用种量每公顷 15 kg。秧龄不超过 30 d。栽插规格 20.00 cm×26.67 cm，每穴插 2～3 粒谷。每公顷施纯氮 180 kg、磷 90 kg、钾 97.5 kg，重施底肥，早施追肥，后期看苗补施穗肥。深水活苑，干湿交替促分蘖，够苗晒田，浅水孕穗，湿润灌浆，后期不要断水过早。根据当地农业部门病虫预报，及时防治稻瘟病、纹枯病、稻曲病、二化螟、稻纵卷叶螟、稻飞虱等病虫害。

（6）适宜地区   稻瘟病轻发区种植。

（7）推荐理由   适应性广，株叶形态好，稳产、高产，是种植面积逐年增大的杂交水稻品种。

（8）风险提示 ①该品种为杂交种，不能留种。②生育期适中，应合理安排播种期，抽穗扬花期避开高温。③应控施氮肥，湿润灌浆，后期断水不宜过早。④高感稻瘟病，重发区不宜种植。

三、晚稻

1.'泰优 398'（赣审稻 2012008）

（1）选育单位 江西现代种业股份有限公司。

（2）品种来源 '泰丰 A'דChrome广恢 398'。

（3）特征特性 籼型三系杂交水稻品种。全生育期 111.2 d。株型适中，长势一般，分蘖力强，有效穗多，稃尖无色，穗粒数中，熟期转色好。株高 85.8 cm，结实率 80.1%，千粒重 23.1 g。米质达国优 2 级。穗颈瘟损失率最高级 9 级。

（4）产量表现 2010 年、2011 年江西省水稻区试，两年平均每公顷产 6 711.75 kg，比对照'金优 207'减产 1.01%。

（5）技术要点 6 月 25—30 日播种，秧田播种量每公顷 150～225 kg，大田用种量每公顷 22.5～30.0 kg。塑料软盘育秧 3.1～3.5 叶期抛栽，湿润育秧 4.5～5.0 叶期移栽，秧龄 20 d 左右。栽插规格 16.67 cm×16.67 cm 或 16.67 cm×20.00 cm，每穴插 2 粒谷。每公顷施 45% 水稻专用复合肥 450 kg 作基肥，移栽后 5～6 d 结合施用除草剂每公顷追施尿素 150～225 kg、氯化钾 75～150 kg。干湿交替促分蘖，有水孕穗，干湿交替壮籽，后期不要断水过早。根据当地农业部门病虫预报，及时防治病虫害。

（6）适宜地区 稻瘟病轻发区种植。

（7）推荐理由 米质优，口感好，熟期较早，是种植面积较为稳定的杂交水稻品种。同时大米适宜外销，深受市场和粮食加工企业青睐，是高端米首选杂交品种之一。

（8）风险提示 ①该品种为杂交种，不可留种使用。②秧龄控制在 20 d 以内。③高感稻瘟病，重发区不宜种植。④米质优，灌浆慢，重施底肥，增施穗肥，后期不可断水过早。

2.'五优华占'（赣审稻2013007）

（1）选育单位　江西先农种业有限公司。

（2）品种来源　'五丰A'ב华占'。

（3）特征特性　籼型三系杂交水稻品种。全生育期120.1 d。株型适中，叶色浓绿，剑叶挺直，长势繁茂，分蘖力强，有效穗多，稃尖紫色，穗粒数多，熟期转色好。株高93.2 cm，结实率77.8%，千粒重22.2 g。米质达国优1级。穗颈瘟损失率最高级9级。

（4）产量表现　2010年、2011年江西省水稻区试，两年平均每公顷产7 539.15 kg，比对照'岳优9113'增产7.21%。

（5）技术要点　6月25日左右播种，大田用种量每公顷15 kg。秧龄30 d以内。栽插规格16.67 cm×20.00 cm，每穴插3~4粒谷。大田每公顷施45%的复合肥450 kg、尿素75 kg作基肥，移栽后5~7 d每公顷追施尿素150 kg、氯化钾75 kg，后期看苗补肥。深水活蔸，浅水勤灌，够苗晒田，齐穗后干湿交替壮籽，后期不要断水过早。根据当地农业部门的病虫预报，及时防治病虫害。

（6）适宜地区　稻瘟病轻发区种植。

（7）推荐理由　结实率高，熟期适中，高产、稳产，是种植面积较大的杂交品种。

（8）风险提示　①该品种为杂交种，不能留种。②高感稻瘟病，重发区不宜种植。③齐穗后干湿交替壮籽，后期不要断水过早。

3.'泰优98'（赣审稻2015046）

（1）选育单位　江西现代种业股份有限公司。

（2）品种来源　'泰丰A'ב淦恢398'。

（3）特征特性　籼型三系杂交水稻品种。全生育期118.3 d。株型略散，剑叶挺直，长势繁茂，分蘖力强，有效穗多，稃尖无色，穗粒数较多，熟期转色好。株高100.9 cm，穗长21.6 cm，结实率83.1%，千粒重23.4 g。米质达国优3级。穗颈瘟损失率最高级9级，高感稻瘟病。

（4）产量表现 2012 年、2013 年江西省水稻区试，两年平均每公顷产 8 105.85 kg，比对照'岳优 9113'增产 2.18%。

（5）技术要点 6 月 25—30 日播种，秧田播种量每公顷 150～225 kg，大田用种量每公顷 22.5～30.0 kg。塑料软盘育秧 3.1～3.5 叶期抛栽，湿润育秧 4.5～5.0 叶期移栽，秧龄 20 d 左右。栽插规格 16.67 cm×16.67 cm 或 16.67 cm×20.00 cm，每穴插 2 粒谷。重施底肥，底肥占总用肥量的 70%～80%，移栽后 5～6 d 结合施用除草剂每公顷追施尿素 150～225 kg、氯化钾 75～150 kg。干湿交替促分蘖，有水孕穗，干湿交替壮籽，后期不要断水过早。根据当地农业部门病虫预报，及时防治稻瘟病、二化螟、稻纵卷叶螟、稻飞虱等病虫害。

（6）适宜地区 稻瘟病轻发区种植。

（7）推荐理由 米质优，是种植面积逐年增大的杂交水稻品种，深受市场和粮食加工企业青睐，是高端米首选杂交品种之一。

（8）风险提示 ①该品种为杂交种，不能留种。②高感稻瘟病，重发区不宜种植。③米质优，灌浆慢，重施底肥，后期灌浆不可断水过早。

4.'早丰优华占'（赣审稻 2014015）

（1）选育单位 江西先农种业有限公司、中国水稻研究所、广东省农业科学院水稻研究所。

（2）品种来源 '早丰 A'×'华占'。

（3）特征特性 籼型三系杂交水稻品种。全生育期 115.8 d。株型适中，叶片挺直，分蘖力强，有效穗多，稃尖无色，穗粒数多，熟期转色好。株高 95.4 cm，结实率 80.7%，千粒重 23.1 g。米质达国优 2 级。穗颈瘟损失率最高级 9 级。

（4）产量表现 2012 年、2013 年江西省水稻区试，两年平均每公顷产 8 407.05 kg，比对照'岳优 9113'增产 6.85%。

（5）技术要点 6 月 24 日左右播种，大田用种量每公顷 15 kg。秧龄 30 d 以内。栽插规格 16.67 cm×20.00 cm，每穴插 3～4 粒谷。

每公顷施用 45% 复合肥 450 kg、尿素 75 kg 作基肥,移栽后 5~7 d 结合施用除草剂每公顷追施尿素 150 kg、氯化钾 75 kg,后期看苗补肥。深水活蔸,浅水分蘖,够苗晒田,干湿交替壮籽,后期不要断水过早。根据当地农业部门病虫预报,及时防治稻瘟病、纹枯病、二化螟、稻纵卷叶螟、稻飞虱等病虫害。

(6)适宜地区　稻瘟病轻发区种植。

(7)推荐理由　米质较优,产量较高,熟期适中、适应性广,是种植面积较为稳定的杂交水稻品种。

(8)风险提示　①该品种为杂交种,不能留种。②高感稻瘟病,重发区不宜种植。③功能叶偏小,应重施底肥,增施穗肥,后期不可断水过早。

5.'五优 61'(赣审稻 2015031)

(1)选育单位　江西天涯种业有限公司。

(2)品种来源　'五丰 A'בR61'。

(3)特征特性　籼型三系杂交水稻品种。全生育期 116.0 d。株型适中,剑叶宽直,长势繁茂,分蘖力强,有效穗多、着粒密,稃尖紫色,熟期转色好。株高 98.8 cm,穗长 20.3 cm,结实率 81.7%,千粒重 23.2 g。米质达国优 3 级。穗颈瘟损失率最高级 9 级,高感稻瘟病。

(4)产量表现　2013 年、2014 年江西省水稻区试,两年平均每公顷产 8 459.1 kg,比对照'岳优 9113'增产 6.60%。

(5)技术要点　6 月 25 日左右播种,秧田播种量每公顷 180 kg,大田用种量每公顷 15.0~22.5 kg。秧龄不超过 25 d。栽插规格 16.67 cm×20.00 cm,每穴插 2 粒谷。每公顷施 45% 复合肥 375 kg、尿素 75 kg 作基肥,移栽后 5~7 d 每公顷追施尿素 150 kg、氯化钾 150 kg,后期穗肥每公顷追施 45% 复合肥或尿素 75 kg。深水返青,浅水分蘖,够苗晒田,有水孕穗,浅水抽穗,湿润灌浆,干湿交替,收割前 7 d 断水。根据当地农业部门病虫预报,及时防治稻瘟病、纹枯病、稻曲病、矮缩病、二化螟、稻纵卷叶螟、稻飞虱等病虫害。

（6）适宜地区 稻瘟病轻发区种植。

（7）推荐理由 结实率高，熟期适中，高产、稳产，是种植面积较大的杂交水稻品种。

（8）风险提示 ①该品种为杂交种，不能留种。②高感稻瘟病，重发区不宜种植。③齐穗后干湿交替壮籽，后期不要断水过早。

6.'吉优雅占'（赣审稻2015018）

（1）选育单位 江西天涯种业有限公司。

（2）品种来源 '吉丰A'דχ'雅占'。

（3）特征特性 籼型三系杂交水稻品种。全生育期121 d。株型适中，叶色浓绿，剑叶挺直，田间长相清秀，分蘖力强，稃尖紫色，穗粒数多，熟期转色好。株高98.8 cm，结实率81.8%，千粒重25.9 g。米质达国优2级。穗颈瘟损失率最高级9级。

（4）产量表现 2013年、2014年江西省水稻区试，两年平均每公顷产8 673.75 kg，比对照'天优998'增产5.63%。

（5）技术要点 6月15—18日播种，秧田播种量每公顷180 kg，大田用种量每公顷22.5 kg。秧龄25~28 d。栽插规格20.00 cm×20.00 cm，每穴插2粒谷苗。每公顷施45%三元复合肥600 kg作底肥，栽后5~7 d结合施用除草剂每公顷追施尿素112.5~150.0 kg促分蘖，幼穗分化初期每公顷追施氯化钾112.5 kg，后期看苗补施肥。浅水移栽，寸水返青，干湿交替促分蘖，够苗晒田，有水孕穗，浅水抽穗，湿润灌浆，干湿交替，收割前7 d断水。根据当地农业部门病虫预报，及时防治稻瘟病、纹枯病、二化螟、稻飞虱等病虫害。

（6）适宜地区 稻瘟病轻发区种植。

（7）推荐理由 产量较高、适应性较广、米质较优，是种植面积逐年增大的杂交水稻品种。2016年稻谷市场参考收购价格为2.7元/kg左右。

（8）风险提示　①该品种为杂交种，不能留种。②高感稻瘟病，重发区不宜种植。③后期应干湿交替壮籽，提高米质和产量。

7. '荣优华占'（赣审稻 2012016）

（1）选育单位　江西先农种业有限公司。

（2）品种来源　'荣丰 A'בhua占'。

（3）特征特性　籼型三系杂交水稻品种。全生育期 125.9 d。株型适中，叶色浓绿，剑叶挺直，长势繁茂，分蘖力强，有效穗多，稃尖紫色，穗粒数多，结实率较高，熟期转色好。株高 93.9 cm，结实率 77.5%，千粒重 24.5 g。米质达国优 3 级。穗颈瘟损失率最高级 9 级。

（4）产量表现　2010 年、2011 年江西省水稻区试，两年平均每公顷产 7 560.15 kg，比对照 '天优 998' 增产 3.59%。

（5）技术要点　6 月 20 日左右播种，大田用种量每公顷 15 kg。秧龄 30 d 以内。栽插规格 16.67 cm×20.00 cm，每穴插 3 ~ 4 粒谷。大田每公顷施 45% 的复合肥 450 kg、尿素 75 kg 作基肥，移栽后 5 ~ 7 d 结合施用除草剂每公顷施尿素 150 kg、氯化钾 75 kg，后期看苗补肥。深水活蔸，浅水勤灌，够苗晒田，齐穗后干湿交替壮籽，后期不要断水过早。根据当地农业部门病虫预报，及时防治病虫害。

（6）适宜地区　稻瘟病轻发区种植。

（7）推荐理由　高产、稳产，适应性较广，是种植面积较为稳定的杂交水稻品种。

（8）风险提示　①该品种为杂交种，不能留种。②高感稻瘟病，重发区不宜种植。③适时播种，确保安全齐穗。④后期应干湿交替壮籽，提高米质和产量。

8. '天优雅占'（赣审稻 2015023）

（1）选育单位　江西天涯种业有限公司。

（2）品种来源　'天丰 A'בya占'。

（3）特征特性　籼型三系杂交水稻品种。全生育期 122.4 d。株型适中，剑叶短宽，长势繁茂，分蘖力强，稃尖紫色，穗粒数多，熟期转色好。株高 99.0 cm，穗长 20.5 cm，结实率 79.6%，千粒重 25.2 g。米质达国优 2 级。穗颈瘟损失率最高级 9 级，高感稻瘟病。

（4）产量表现　2013 年、2014 年江西省水稻区试，两年平均每公顷产 8 705.55 kg，比对照'天优 998'增产 5.07%。

（5）技术要点　6 月 15—18 日播种，秧田播种量每公顷 180 kg，大田用种量每公顷 15 kg。秧龄 25～28 d。栽插规格 20.00 cm×20.00 cm，每穴插 2 粒谷。每公顷施 45% 三元复合肥 375～450 kg 作底肥，栽后 5～7 d 结合施用除草剂每公顷追施尿素 112.5～150.0 kg 促分蘖，幼穗分化初期每公顷追施氯化钾 112.5 kg，后期看苗补施肥。浅水移栽，寸水返青，干湿交替促分蘖，够苗晒田，有水孕穗，浅水抽穗，湿润灌浆，干湿交替至成熟，收割前 7 d 断水。根据当地农业部门病虫预报，及时防治稻瘟病、纹枯病、二化螟、稻飞虱等病虫害。

（6）适宜地区　稻瘟病轻发区种植。

（7）推荐理由　稳产、高产，适应性广，是种植面积逐年增大的杂交水稻品种。

（8）风险提示　①该品种为杂交种，不能留种。②高感稻瘟病，重发区不宜种植。③适时播种，确保安全齐穗。④后期应干湿交替壮籽，提高米质和产量。

第二节　泥　鳅　品　种

鳅科是鲤形目中一个较大的类群，分布广、种类多、形态多样，仅我国就有 100 多种，它们的生活习性以及生长速度存在一定的差异。多数属种生活在流水环境中，群体数量大，营底层生活。日常生活中人们俗称的泥鳅主要指鳅科花鳅亚科的一些种类，包括泥鳅属的泥鳅，副泥鳅属的大鳞副泥鳅、内蒙古泥鳅、青色泥鳅、拟泥鳅、二色中泥鳅等小型淡水经济鱼类。鳅科鱼类广泛分布于中国、日本、朝鲜、俄罗斯及印度等地，在我国除青藏高原外，全国各地河川、沟渠、水田、池塘、湖泊及水库等天然淡水水域中均有分布，尤其在长江流域和珠江流域中、下游分布极广，资源量较大。

一、主要种类及其鉴别

泥鳅（*Misgurnus anguillicaudatus*），也叫青鳅、鱼鳅、圆鳅、肉泥鳅、拧沟、泥沟娄子等，是分布最广、最为常见的泥鳅品种，所以很多地方就直接将其称为泥鳅。大鳞副泥鳅（*Paramisgurnus dabryanus*），也叫黄板鳅、扁鳅，广泛分布于我国的长江中、下游及其附属湖泊。目前，泥鳅、大鳞副泥鳅均已经被人们开发利用，人工繁殖、养殖技术均已成熟，一般认为泥鳅肉质口感较好、价格高，但个体小、生长较慢；大鳞副泥鳅售价略低，但生长速度较快、抗病力强、产量高，人工养殖条件下两者都可以安全过冬。泥鳅和大鳞副泥鳅在江西省均有分布，且天然资源量较大，是经济价值较高的经济鱼类。

1. 分类地位

泥鳅隶属鳅科花鳅亚科的泥鳅属，大鳞副泥鳅隶属鳅科花鳅亚科的副泥鳅属，两者分类地位如表 1-1 所示。

表 1-1   泥鳅和大鳞副泥鳅分类地位

分类阶元	泥鳅		大鳞副泥鳅	
	中文名	拉丁名	中文名	拉丁名
界	动物界	Animalia	动物界	Animalia
门	脊索动物门	Chordata	脊索动物门	Chordata
亚门	脊椎动物亚门	Vertebrata	脊椎动物亚门	Vertebrata
纲	硬骨鱼纲	Osteichthyes	硬骨鱼纲	Osteichthyes
亚纲	辐鳍亚纲	Actinopterygii	辐鳍亚纲	Actinopterygii
目	鲤形目	Cypriniformes	鲤形目	Cypriniformes

分类 阶元	泥鳅		大鳞副泥鳅	
	中文名	拉丁名	中文名	拉丁名
亚目	鲤亚目	Cyprinoidei	鲤亚目	Cyprinoidei
科	鳅科	Cobitidae	鳅科	Cobitidae
亚科	花鳅亚科	Cobitinae	花鳅亚科	Cobitinae
属	泥鳅属	*Misgurnus*	副泥鳅属	*Paramisgurnus*
种	泥鳅	*M. anguillicaudatus*	大鳞副泥鳅	*P. dabryanus*

2. 形态特征

（1）泥鳅　体长形，呈圆柱状，体表黏液较多，尾柄侧扁而薄。头小。吻尖，吻长小于眼后头长。口下位，呈马蹄形。须5对，其中吻须1对，上颌须2对，下颌须2对。眼小，侧上位，被皮膜覆盖，无眼下刺。鳃孔小，鳃裂止于胸鳍基部。鳞甚细小，深陷皮内。侧线完全。侧线鳞多于150。鳔很小，包于硬的骨质囊内。背鳍短，起点与腹鳍起点相对，具不分枝鳍条2，分枝鳍条7，无硬刺。胸鳍远离腹鳍，具不分枝鳍条1，分枝鳍条10。腹鳍不达臀鳍，具不分枝鳍条1，分枝鳍条5~6。臀鳍具不分枝鳍条2，分枝鳍条5。尾鳍圆形。体背部及两侧深灰色，腹部灰白色，体侧有不规则的黑色斑点。背鳍及尾鳍上也有斑点。尾鳍基部上方有一显著的黑色大斑。其他各鳍灰白色。

（2）大鳞副泥鳅　体长形，侧扁，体较高，腹部圆。头短，锥形，其长度小于体高。口下位，马蹄形。唇较薄，其上有许多皱褶，下唇中央有一小缺口。眼稍大，被皮膜覆盖，位于头侧上方，成体眼间距稍宽，约大于眼径的一倍。无眼下刺。鼻孔靠近眼。鳃孔小。头部无鳞，体鳞较泥鳅为大，稍厚。须5对，其中吻须2对，口角须1对，颏须2对，各须均长，口角须后伸可达鳃盖后缘，其长度大于吻长。雌鳅胸鳍末端圆形，较短，不分枝鳍条较细。雄鳅胸鳍末端较尖，不分枝鳍条较粗。腹鳍较短，后伸一般不达（100 mm 以下个体可达）肛门。背鳍短，基部稍长，后缘平截，位于身体中部偏后方。臀鳍小，较短。尾鳍末端圆形。肛门离臀鳍起点较近。侧线不完全，后端不超过胸鳍末端上方。尾柄甚侧扁，其高度随个体成长而变高，尾柄处皮褶棱发达，分别达背鳍和臀鳍基部后端，与尾鳍相连。性成熟的雄鳅头顶部和两侧有许多白色的锥状珠星，有时臀鳍附近的体侧亦有。雌鳅较少。体背部及体侧上半部灰褐色，腹部黄白色，体侧具有不规则的斑点，后段比前段的斑点多。胸鳍和腹鳍为浅黄色带灰色，其上有少数黑色斑点。背鳍、臀鳍和尾鳍为浅灰黑色，其上具有不规则的黑色斑点。背鳍、尾鳍具黑色小点，其他各鳍灰白色。

（3）鉴别特征　泥鳅和大鳞副泥鳅外形鉴别特征如表 1-2 所示，主要可以从体型、须长、皮褶和体色斑点等加以鉴别（图 1-1）。

3. 生活习性

（1）泥鳅　泥鳅是底栖鱼类，喜欢在淤泥较多的静水或缓流水域生活，稻田、沟渠、池塘、湖泊、水库等均有分布。其偏好中性或微酸性的黏土底质，适宜的生活水温为 10 ~ 32℃，最适水温为 22 ~ 28℃；当水温在 10℃ 以下或 30℃ 以上时，泥鳅活动明显减弱；水温低于 5℃ 或高于 35℃ 以上时，潜入泥中休眠。冬季，泥鳅钻入淤泥 20 ~ 30 cm 处越冬，到翌年春季，水温达 10℃ 以上时，才

表 1-2　泥鳅和大鳞副泥鳅外形鉴别特征

	体型	须长	皮褶	体色斑点
泥鳅	体细长，背鳍前圆筒形，背鳍后侧扁	最长须未达或达眼后缘	背鳍至尾鳍间皮褶不明显	背鳍、尾鳍和臀鳍多褐色斑点，尾鳍基部偏上方有显著褐色斑点
大鳞副泥鳅	体侧扁，越向尾鳍越侧扁	最长须均超过眼后缘	背鳍至尾鳍间皮褶很明显	尾鳍基部偏上方深褐色斑点不明显

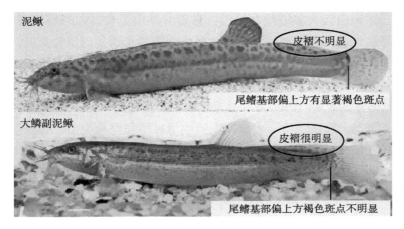

泥鳅

皮褶不明显

尾鳍基部偏上方有显著褐色斑点

大鳞副泥鳅

皮褶很明显

尾鳍基部偏上方褐色斑点不明显

图1-1 泥鳅与大鳞副泥鳅的鉴别特征

出来活动。泥鳅长期在底泥或水底层等黑暗环境活动，且喜昼伏夜出，致使其视力退化。但口须、侧线等却十分敏感，在避敌和觅食活动中起到关键作用。泥鳅除了用鳃呼吸外，还能进行肠呼吸，所以它对低溶解氧的忍耐力很强。在缺水的环境中，只要泥土保持湿润，泥鳅仍可存活很长时间。泥鳅对环境的适应性很强，因而在鳅科100余种鱼类中，唯独泥鳅数量最多，分布最广。

泥鳅是杂食性鱼类，体长5 cm以下的鳅苗主要摄食动物性饵料，如轮虫、枝角类、桡足类等浮游动物，体长在5~8 cm时，除了摄食小型甲壳动物、昆虫幼虫、水蚯蚓外，还摄食高等水生植物、藻类和有机碎屑等，以后逐渐变为杂食性鱼类，几乎无所不食，凡水中和泥中的动植物及有机碎屑，都是泥鳅的天然饵料。泥鳅对动物性饵料最为贪食，特别爱吃鱼卵。亲鳅产完卵后，如果不及时取走，往往会把自己产的卵吃掉。泥鳅觅食主要是靠口须来完成，它的5对口须既是"探测器"帮助寻找食物，又是"过滤器"帮助分拣食物，可食的送入口中，不可食的弃掉，边吃食、边寻找、边移动。由于泥鳅取食广泛，所以与其他鱼类套养往往能起到"清洁工"的作用。

　　泥鳅白天大多潜伏在泥中，喜傍晚外出觅食，如果环境安静，有时白天也出来活动。泥鳅在一昼夜间有两个明显的摄食高峰，即8—9时和16—18时，而早晨5时左右为摄食低潮。因此，在人工养殖条件下，白天投喂是完全可以的。一般情况下，泥鳅肠胃中的食物为其体重的8%～10%；在繁殖季节，摄食量更高一些。

　　（2）大鳞副泥鳅　大鳞副泥鳅生活环境与泥鳅类似，喜欢生活在底泥较多的稻田、沟渠、池塘、湖泊、水库等的浅水水域。大鳞副泥鳅适宜的生活水温是10～30℃，最适水温是25～27℃，属于温水性鱼类。当水温升高至30℃或下降至5℃以下时，即潜入泥中休眠度夏或越冬。大鳞副泥鳅除了鳃呼吸外，还可以进行皮肤呼吸和肠呼吸，故对低氧环境适应性强。其视觉很弱，但触觉及味觉极为灵敏。大鳞副泥鳅幼鳅阶段摄食动物性饵料，以浮游动物、摇蚊幼虫、水蚯蚓等为食；体长在5～8 cm时，饵料范围扩大，除可食多种昆虫外，也可摄食丝状藻类，以及植物的根、茎、叶和腐殖质等；成鳅则转为杂食性，以摄食植物性饵料为主。一般多为夜间摄食。水温10℃以下或30℃以上时即停止摄食。

　　4. 主要价值

　　日常生活中泥鳅和大鳞副泥鳅一般不做严格区分，统称为泥鳅。泥鳅肉质细嫩鲜美，营养丰富易消化，是一种名优水产品，有"水中人参"之美誉，我国及周边的朝鲜、韩国、日本和东南亚一带国家的人们均喜欢食用。

　　泥鳅具有食用、药用价值，是药食两用水产品，具有很高的营养保健功能。传统中医认为泥鳅活体可以入药，性味甘，性平，具有补中益气、益肾暖脾、除湿退黄、祛湿止泻、止虚汗等功效，可用于脾虚泄泻、消渴、小儿盗汗水肿、小便不利、痔疮、皮肤瘙痒等。《本草纲目》记载泥鳅"暖中益气，醒酒，解消渴"。现代科学检测证实，泥鳅富含蛋白质和多种脂肪酸、维生素、微量元素等，尤其泥鳅含有的维生素A、维生素C及B族维生素比其他鱼类高，经常食用能提高身体免疫力。泥鳅肉中含蛋白质18.4%～20.7%，脂肪 2.7%～2.8%，灰分 1.6%～2.2%，每 100 g 肉中含维生素 A 21 μg、维生素 B_1 30 μg、维生素 B_2 440 μg、钙 51 mg、磷 154 mg、铁 3 mg，所含脂肪成分较低，胆固醇更少，属高蛋白、低脂肪食品，而且还含一种类似 EPA 的不饱和脂肪酸，可以保护血管，故有益于老年人及心血管病患者。

二、新选育品种（品系）

我国泥鳅养殖产业始于 21 世纪初期，江西、江苏、湖北、湖南等一些省份开始了人工养殖泥鳅的尝试，养殖模式上开始从稻田养殖向池塘养殖发展，还出现了网箱养殖、水泥池养殖、工厂化养殖等多种养殖形式。但由于缺乏泥鳅良种、苗种，养殖成功的案例不多，大多数停留在人工暂养、赚取季节差价和批零差价的阶段。随着市场需求的扩大，国内有关科研单位和泥鳅养殖企业合作，针对制约泥鳅养殖发展缺乏优良品种的瓶颈，开展了自主选育泥鳅新品种（品系）和境外良种引进繁育等工作，取得较好成效，有力支撑了泥鳅产业的高质量发展。

2004 年，国内河南濮阳选育了黄板鳅，推广稻田、池塘养殖 166.67 hm^2，稻田养殖每公顷产量达 21 000 kg。2012 年，我国又新引进了台湾泥鳅、日本青鳅。这些泥鳅品种具有较好的养殖性能，生长快、病害少、产量高，每公顷产量在 22 500 kg 左右，广东等南方省市养殖台湾泥鳅每公顷产量甚至达 60 000 kg 以上。加之台湾泥鳅、日本青鳅和濮阳黄板鳅亲本个体大且怀卵量多，便于人工繁殖，泥鳅苗种生产成本迅速降低，较好克服了长期制约我国泥鳅养殖"缺种（良种）少苗（苗种）"的困境，以台湾泥鳅为代表的良种鳅迅速风靡全国，成为我国泥鳅养殖的主导品种。我国泥鳅养殖产业规模不断扩大，泥鳅开始成为重要的出口水产品，大规模销往韩国、日本市场。

但迄今我国仍未有经国家正式审定的品种。就分类地位看，台湾泥鳅、河南濮阳黄板鳅都属于大鳞副泥鳅，尚未达到物种的分化程度，其与本地大鳞副泥鳅养殖性能的差异可以认为是由于长期地理隔离或人工选育形成。一般而言，本地泥鳅和大鳞副泥鳅养殖性能较差，养殖周期长（12～15 个月）、生长速度慢、养殖成活率低。利用本地泥鳅或大鳞副泥鳅野生种做亲本，生产的苗种养殖性能较差、成活率较低，导致养殖成本高，甚至无利可图。台湾泥鳅与本地泥鳅繁、养殖性能的差异显著（表 1-3）。目前，由于泥鳅价格高于大鳞副泥鳅，有人将鄱阳湖本地泥鳅亲本与台湾泥鳅亲本杂交，选育杂交鳅，用于发展稻鳅综合种养，具有生长快、抗逆性强、不钻泥、综合养殖性能好的特点，适应在与江西省生态、气候类似的长江中、下游地区养殖，生长速度和养殖产量优于本地泥鳅，与台湾泥鳅相当。

表 1-3　台湾泥鳅和本地泥鳅繁、养殖性能比较

月龄	性别	台湾泥鳅			本地泥鳅		
		体重 /g	全长 /cm	性腺重 /g	体重 /g	全长 /cm	性腺重 /g
1	–	2.23	7.63	–	0.64	3.10	–
5	♀	36.10	16.90	4.35	7.47	8.83	0.83
5	♂	31.20	17.20	0.15	7.32	7.98	0.02
11	♀	80.20	21.00	12.20	13.20	11.20	1.13
11	♂	70.70	21.50	0.19	11.60	9.75	0.05
24	♀	161.30	25.70	15.70	43.10	19.50	6.06
24	♂	132.10	25.40	0.27	26.90	17.20	0.08

第二章

稻鳅综合种养田间工程

　　稻田养殖泥鳅是一项绿色生态型水产养殖技术，但并不是所有的稻田都适合养殖泥鳅，必须选择适合的稻田基地。而且种稻的稻田要经过改造才能养殖泥鳅，改造的目的是为泥鳅提供一个相对良好的生长栖息环境，以及在晒田、施药时泥鳅有一个活动、躲避空间。因此，需要开展田间工程建设，才能充分合理利用稻田资源，使稻田中泥鳅养殖和水稻种植能够相互促进，一地双收，一水二用，稳产增收，充分提高土地的综合产出。

第一节　基　地　选　择

　　泥鳅具有底栖性、杂食性、耐低氧等生态习性，能广泛适应各种生境。利用泥鳅的生态习性，将泥鳅与水稻结合在同一生态环境内，充分利用稻田与泥鳅的互利共生关系，便能相得益彰。然而，绝非任何稻田都能够作为稻鳅综合种养基地，稻鳅综合种养基地的选择需要遵循以下4点原则。

一、位置适宜原则

　　稻田内养殖泥鳅，不仅要考虑水稻的正常生长，同时也要满足泥鳅的生长条件。水利条件的好坏是稻田养殖泥鳅成败及效益高低的关键。因此，适宜的位置是稻鳅综合种养的基础。作为准备养殖泥鳅的稻田基地，从位置来说首先要选择地势平坦，坡度小，靠近水源，进排水方便的田块，以保证雨季不被淹，旱季不干涸。其次，宜选择阳光充沛，环境安静，生态环境良好的区域，最好是选择水源的源头或与周边相对独立的区域，以避免周边稻田施肥、喷施农药对泥鳅产生危害。再次，宜选择交通便利但又不紧邻交通要道的区域，最好与周围村落保持 150 m 以上的距离，以方便日常管理和产品销售。

二、水源充足清洁原则

水是生命之源，不论是泥鳅还是水稻，对水的依赖性都比较强，因此，水源条件是稻鳅养殖的首要条件。稻鳅综合种养基地选择一要水源充足，不受干旱影响和洪水威胁；二要水质清洁无污染，取水口应远离生活和工业污染源，水质符合《渔业水质标准》（GB 11607—1989），满足绿色环保生态养殖的条件；三要灌溉沟渠完备，进排水方便。

三、土壤肥沃保水原则

泥鳅喜欢在中性或者弱酸性的土层中活动。因此，土壤条件是稻鳅综合种养基地选择的重点之一。宜选择土质肥沃稻田，最好是黏土或壤土，耕作层以 20 cm 深为宜。稻田田埂、田底保水性能好，无冷泉水上冒，无渗漏水现象。耕作层浅的沙土田、沙泥田不宜选择。

肥力水平高的土壤，具有优良的农业性状，湿时不泥泞，干时不板结，保水、保肥。利用这种田块不仅可以减少稻田灌水次数，节约成本，而且可使鱼沟、鱼坑中的水位变幅小，水温较稳定，有利于泥鳅生长。

四、田块连片易排灌原则

稻田最好集中连片，能灌能排，以方便综合种养管理。单块稻田面积不宜过大，如果养殖台湾泥鳅，因其养殖田块需要架设天网防鸟，面积一般以 0.07 ~ 0.20 hm² 为宜；如果养殖的是本地泥鳅，面积可适当大些，一般以不超过 1 hm² 为宜。面积过大给生产上带来管理不便，投饵不均，起捕难度大，影响泥鳅产量。枯水、漏水或轮灌的田块及溢洪区、排水汇集地不宜选择。

第二节　田间工程建设

稻田水浅，水温受气温影响较大，具有明显的季节性差异和昼夜差异。一方面较高的温度适宜泥鳅生长，另一方面过高的温度又对泥鳅生长不利。因此，稻田要经过改造才能养殖泥鳅，稻田改造的目的是为泥鳅提供一个相对良好的生长栖息环境，以及在晒田、施药时泥鳅有一个活动、躲避空间。稻鳅综合种养田间工程主要包括开挖沟、坑，加高、加固田埂，搭建防逃、防敌害设施，装配排灌系统，以及设置食台等几个关键步骤。

一、开挖沟、坑

为了解决种稻与养鳅间需水的矛盾，确保水稻生育期能够正常进行稻田水层管理，天旱、缺水或者排水晒田时，泥鳅有比较安全的栖息场所，以及排水捕获时便于鳅群集中，利于收获，养殖泥鳅的稻田要因地制宜地开挖沟、坑等田间工程。田间沟、坑开挖是田间工程的重要内容，其主要目的不仅是为泥鳅等提供避旱、避暑、活动和觅食的场所，同时也能够方便泥鳅收获时的起捕。一般而言，选好基地，在稻田翻平整后、插秧前开挖环沟、田间沟和暂养坑。开挖沟、坑等田间工程应保证水稻有效种植面积，保护稻田耕作层，沟、坑占地面积以不超过稻田面积的 10% 为宜。沟、坑的面积及水体体积决定了泥鳅的承载量，在实现稻鳅综合种养田块水稻稳产保供（即平原地区水稻产量每公顷不低于 7 500 kg，丘陵山区水稻单产不低于当地水稻单作平均单产）前提下，宜尽量扩大稻田沟、坑的面积，以提高泥鳅产量。

1. 环沟

环沟是养殖泥鳅的主要场所，可根据田块地形的大小，因地制宜沿田岸四周开挖，开挖的泥土用于加宽、加高、加固稻田堤岸。宜在距离田埂内侧 1 m 处开挖边沟，可挖成"口"形、"U"形、"L"形、"I"形等形状，沟宽 1~2 m，深 0.5~1.0 m，坡比 1:1。在稻田一端与主干田埂连接处或交通便利的一侧留宽 4 m 左右的机械作业通道，通道的下部埋设管道，有利于环沟水系畅通。

　　2. 田间沟

　　田间沟是供泥鳅觅食活动的场所，面积小的稻田设置"一"字形，面积稍大的设置"十"字形，再大面积的可设置"井"字形的田间沟，沟宽 30~40 cm、深 30~40 cm，做到沟沟相通（图 2-1）。

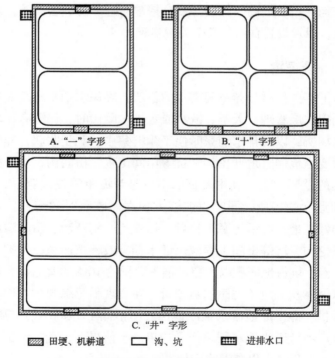

图 2-1　稻鳅综合种养田间工程平面示意图

3. 暂养坑

暂养坑通常在进水口和环沟交汇的地方开挖，面积占稻田面积的 0.5%~1%，长宽比以 3:2 为宜，深 1.0~1.5 m。在暂养坑底铺一层厚 0.1~0.2 mm 的塑料膜或者网片，以方便泥鳅捕捞，然后在塑料膜或者网片上平压一层 10~15 cm 厚的泥土；在暂养坑上方设置遮阳网，遮阳网的面积应达到暂养坑面积的 80%。暂养坑主要用来暂养泥鳅苗种和成品，可根据需要做成长方形、圆形等，要求沟、坑相通，不留死角。有条件的地方，也可将田头的蓄水沟、丰产沟、进排水渠利用起来，作为稻田养殖的暂养沟或环沟，以增加水产养殖的水域空间。

二、加高、加固田埂

利用开挖田间沟的时候挖出的泥土，加高、加宽、加固田埂，田埂比田面高 60~80 cm，底宽 120 cm，顶宽 80 cm，田埂应进行泥土的夯实，以提高田埂的抗裂性、抗垮性和透水能力，确保不漏水、不渗水。田埂上可放置水泥板，在环沟架起过道，便于日常管理。

三、搭建防逃、防敌害设施

泥鳅具有很强的逃逸能力，喜欢随水流逃逸，因此养殖泥鳅稻田须设置防逃设施，并加强日常巡查管理，以防泥鳅通过稻田进排水口缺口、田埂的漏洞及大雨时水漫过田埂等逃逸。稻鳅综合种养田块主要采取铺设地膜、安装防逃网、架设天网以及一些有针对性的预防天敌措施。此外，养殖台湾泥鳅的稻田还需要架设天网，养殖本地泥鳅的稻田一般不用架设天网。

1. 铺设地膜

在田埂及环沟里铺设地膜可以稳固田埂、防止渗水，有利于达到保持沟坑水位及防逃、防杂草的效果，可以根据稻鳅综合种养基地稻田具体情况决定是否铺设地膜。

2. 安装防逃网

稻田养鳅田埂的防逃网分为土上、土下两部分。土上部分可防止泥鳅跳跃逃逸；土下部分可防止泥鳅掘穴潜入和逃跑。在田埂四周内侧埋设防逃网，宜采用0.4～0.6 mm（30～40目）孔径的聚乙烯网片，高出田埂和进水口20～30 cm，用木杆或小竹竿或其他材料固定，并埋入土下40～50 cm（图2-2）。防逃网紧靠四周田埂，四角呈圆弧形。稻田的进排水口采用密目铁丝网或尼龙网做成栏栅，防止敌害生物进入及泥鳅逃逸（图2-2）。

图2-2   稻鳅综合种养防逃网的安装

3. 架设天网

养殖泥鳅的稻田，为防止水鸟入田捕食泥鳅，可在稻田的东西向或南北向用热镀锌钢管在田埂上打一个相对应的木桩，桩高出地面2.5 m。在钢管顶端用钢丝经纬型把钢管全部拉挺，四周做好扳线，然后盖上天网，网孔规格13目为宜。天网应高于田面1.5 m，以防止鸟类落在网上，利用自身重量压低网面后捕食泥鳅。还可用直径0.2 cm的胶丝线在两边相对应的两个木桩上拴牢、绷直，形状就像在稻田上画一排排的平行线，胶丝线可以限制水鸟的飞行，进而防止水鸟对泥鳅的捕食。四周再用高约1.8 m的尼龙网做侧网，埋入地下30 cm，然后将天网与侧网用钢丝扎实连接，防止鱼鹰、白鹭、夜鹭、蛇、鼠等天敌的侵害，同时方便机械作业进入。

4. 预防天敌措施

对于某些特定的天敌，针对其特点专门设置一些特殊的装置或设施，对其进行预防。

（1）预防水鸟方法　在田埂四周设置一些稻草人和彩色布条，用来驱赶鸟类或设置一些鸟类捕捉网，对水鸟进行捕捉。也可在稻田上方用钢筋架设防护网，预防水鸟。

（2）预防水老鼠方法　在稻田、田间沟四周埂外侧低洼处放置鼠药或高密度安装捕鼠器。特别注意阴雨天不能放置鼠药，并把剩余鼠药清除干净，防止被雨水冲到田、沟内，给泥鳅造成损害。

（3）预防水蛇方法　除人工捕捉外，还可用硫黄粉末来驱赶，效果明显。方法是在稻田四周埂外侧处撒硫黄粉末，用量 30 kg/hm² 左右。注意雨天不能撒硫黄粉末，以免被雨水冲到田、沟内，给泥鳅造成不必要的伤害。

四、装配排灌系统

为确保排灌自如，稻鳅综合种养田块的灌排系统宜独立设置，以确保水质良好，避免排出的废水与灌溉水源交叉污染。具体做法可沿田间道路两侧建水泥防渗进排水渠，每块田均有独立进排水 PVC 管分别与进水、排水渠道相通。进排水系统呈对角线设置，进水口建在田埂上，排水口建在沟渠的最低处，以利于稻田灌水或排水，确保水流畅通。在排水口可利用一根弯管进行水位的控制，布置管道时注意夯实加固管道周围的泥土，防止长期流水冲刷出现漏洞，进水口、排水口用聚乙烯双层网布包裹以防止泥鳅逃逸和敌害生物进入。

五、设置食台

稻鳅综合种养根据天然饵料状况、泥鳅放养密度等，需要适当补充投喂饵料。稻田中泥鳅放养密度较低时，补充投喂的饵料较少，可不设置食台。如稻田中暂养坑面积较大、泥鳅放养密度高时，宜设置食台，按"四定"（定时、定量、定质、定位）投饵法补充投喂饵料，以便观察泥鳅生长与健康状况，根据泥鳅摄食情况合理调整饵料投喂量，避免饵料过量浪费。食台一般设置在暂养坑中，也可选择环沟下风处中间位置。环沟每隔 10 m 左右可设一个食台或设置浮性饵料投喂筐。食台宽 0.5 m、长 2 m，没入水中 5～10 cm 为宜，以便于清除残渣剩饵，避免对水体的污染。

第三章

泥鳅苗种繁育

目前，我国养殖的泥鳅主要有本地泥鳅（青鳅）、大鳞副泥鳅、台湾泥鳅。这三种泥鳅的繁殖方法基本类似，主要有自然交配、半人工繁殖和全人工繁殖三种方法。需要强调的是台湾泥鳅由于身体粗壮，自然交配时雄鳅难以用身体蜷曲缠绕住雌鳅，因而多采用全人工繁殖。此外，从繁殖时间比较，由于台湾泥鳅性腺比本地泥鳅提早成熟，因此台湾泥鳅的人工繁殖一般可安排在每年的3—5月开展，而本地泥鳅的人工繁殖一般为每年的4—6月开展。泥鳅苗种培育可分为水花苗培育阶段和夏花苗培育阶段。水花苗指从孵出后到长成 1.0 ~ 1.5 cm 阶段的泥鳅苗；夏花苗指从水花苗长成 3 ~ 4 cm 的泥鳅苗。生产上一般要经过这两个阶段的苗种培育，泥鳅苗才基本度过了危险期，可以进入稻田养殖阶段。

第一节　泥鳅人工繁殖

一、繁殖设施建设

1. 产卵池

产卵池最好建在靠近亲鳅培育池及孵化池，有良好水源、排灌方便的地方。规格可为 1 m × 20 m 或 2 m × 20 m，面积一般 20 ~ 50 m²。产卵池的设备包括产卵床、排灌设备、收卵设备等（图 3-1）。产卵床可用棉布网制作（图 3-2），收卵设备可用收卵网、网箱。

图 3-1   产卵池   图 3-2   亲鳅产卵床

2. 孵化设施

（1）静水孵化池   静水孵化指将带有鳅卵的网片和棕榈皮人工巢放置于孵化水泥池中进行孵化。孵化池规格一般为 6 m × 8 m 或 10 m × 10 m，面积一般为 50～100 m^2。孵化池池底应为斜面，排水口处设置收苗装置。池内需要配有微孔增氧管道（图 3-3）。

（2）流水孵化桶   流水孵化桶为半椭圆形，材质为水泥或玻璃钢，上口直径 100 cm，高 60 cm，体积约 0.25 m^3。孵化桶底设置可调式冲水喷头和接苗口，孵化桶中心设置排水管。孵化桶的主要优点是可高密度孵化，0.25 m^3 的孵化桶一般一次性可孵化 90 万～120 万粒受精卵（图 3-4）。

图 3-3   泥鳅苗种静水孵化池   图 3-4   泥鳅苗种流水孵化桶装置

二、亲鳅雌雄鉴别

雄鳅在达到性成熟的时候胸鳍明显，用手挤压腹部会有白色的精液流出。成熟雌性个体生殖孔略充血红肿外翻。此时亲鳅暂养培育不可超过 5 d，否则影响亲鳅繁殖能力。如果雌鳅产过卵，在其腹上侧有一灰白色的圆斑。

泥鳅雌雄差异还表现在成熟期和生殖期，雌鳅在成熟期胸鳍较宽短，边缘圆滑，尖端圆，呈舌状。雄鳅在成熟期胸鳍大而狭长，末端尖而微外翘，第二鳍条基部无骨质片；雌鳅在生殖期，腹部丰满膨大，背下侧无纵向突出，第二鳍条的基部有一骨质片（图 3-5）；雄鳅在生殖期，腹部稍扁平，背下侧有纵向突出（图 3-6）。

图 3-5 雌鳅

图 3-6 雄鳅

三、催产

1. 催产药物及作用机制

（1）促性腺激素释放激素 促性腺激素释放激素（GnRH），也称为促黄体生成素释放激素（LHRH），能使黄体生成素释放，也能使促卵泡激素释放。利用外源激素处理是控制养殖鳅类繁殖成熟的重要方法，最常用的是利用促性腺激素释放激素的类似物（GnRH-A）刺激脑垂体释放促性腺激素（GTH），诱导性腺类固醇激素的生成和精卵的排放。

（2）人绒毛膜促性腺激素   人绒毛膜促性腺激素（HCG）是从孕妇胎盘、绒毛膜滋养层分泌物中提取的一种激素，属糖蛋白类激素。其主要作用是促进卵母细胞的发育、卵细胞的成熟和诱导排卵；对雄鳅可刺激间质细胞发育和促进雄性激素的分泌。

（3）马来酸地欧酮   马来酸地欧酮（DOM）是多巴胺拮抗物，能阻断多巴胺对促性腺激素（GTH）释放的抑制作用，促进 GTH 释放。与 LHRH-A$_2$ 和 GnRH-A 共同使用，可完全取代鳅脑垂体，适用于泥鳅人工繁殖。

2. 催产药物及使用剂量

根据实验结果，生产上对泥鳅催产有以下几种药物或药物组合。

（1）HCG 单独注射   每尾最佳注射剂量应为 200 IU。

（2）马来酸地欧酮、促黄体生成素释放激素与人绒毛膜促性腺激素按一定配比混合注射   每尾注射 0.2 mg DOM 与 2 μg LHRH-A$_2$ 和 200 IU HCG 能取得较高的催产率和受精率。

（3）人工繁殖最佳激素配比   泥鳅人工繁殖激素剂量配比按每尾 2 μg LHRH-A$_2$ 与 200 IU HCG 进行注射，能取得较好的催产效果。

因此，建议泥鳅人工繁殖催产使用第三种方法，但是其他两种也能达到理想效果，可通过考虑经济效益等各方面实际情况来确定。此外，因泥鳅个体较小，雌鳅一般注射 0.25～0.4 mL，雄鳅减半。

3. 注射方法

催产器具包括连续注射器、亲鳅注射的解剖盘、剪刀、刀片、镊子等，毛巾数条、水盆或水桶数个等。采用腹鳍基部腹腔或胸鳍或背鳍基部肌肉注射，注射部位优选背部肌肉，其次为胸鳍或腹鳍基部腹腔注射（图 3-7）。扎针 2～3 mm，注射方向与体轴面成 30°。催产亲鳅雌雄比为（1.5～3.0）：1.0，实际生产一般按体重 1∶1 来注射。把预定的催产剂全量分两次注射法或一次注射法注入亲鳅体内（图 3-8）。雄鳅剂量为雌鳅的一半。雌鳅如采用两次注射法，当

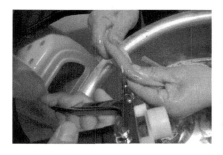

图 3-7　催产用注射器

图 3-8　亲鳅人工注射催产剂

雌鳅注射第二次时注射雄鳅，两次注射时间相隔 1～2 h；雌鳅如果采用一次注射法，雄鳅与雌鳅同时注射。一般情况下，两次注射法的催产效果优于一次注射法，但是两次注射对鳅体伤害性较大，所以生产上大多采用一次注射法。由于鳅体黏液丰富，注射时易从操作人员手中滑出，建议使用 20 目网孔网袋或手套在催产台上操作，可有效地提高催产注射的效率。

4. 自然交配

亲鳅注射催产剂结束后，按雌雄比为（1.5～3.0）：1.0，实际生产一般按雌雄体重 1：1 放入亲鳅产卵池的产卵床上。产卵池为水泥池，并用 35% 透光率的遮阳棚覆盖。根据泥鳅的生殖习性，在产卵池中事先设置产卵箱与集卵箱，产卵箱悬置于集卵箱内；产卵箱网目大小使亲鳅不能钻出、鳅卵能够漏出为宜，集卵箱底平铺棕榈皮或 PVC 网片用于收集受精卵。亲鳅放置密度为 25 尾/m²，用微流水刺激发情，使其自然产卵受精。产卵期间保持四周安静，定期检查产卵情况。水温 22℃ 时亲鳅 14 h 后便可发情产卵，水温 25～28℃ 时 10 h 后便趋于成熟发情产卵。催产适温 22～28℃，最适水温 25℃，超过 30℃ 受精率差，且胚胎易于死亡。在临近效应时间时，可以看到亲鳅逐渐频繁相互追逐，并不时有雄鳅用身体蜷曲缠绕住雌鳅，从而进行交配（图 3-9）。待亲鳅产卵完毕，先将产卵箱与亲鳅移去，再将底部棕榈皮或网片取出，将受精卵移至孵化池或孵化桶中孵化（图 3-10）。

5. 人工授精

对没有产卵排精的亲鳅在效应时间后 1 h 解剖，先取出雄鳅精巢，剪碎、6.5 g/L NaCl 溶液研磨，用精子保存液保存备用。精子保存液配方为：80 mmol/L NaCl 溶液，50 mmol/L KCl 溶液，5 mmol/L CaCl$_2$ 溶液，2 mmol/L MgCl$_2$ 溶液，50 mmol/L NaHCO$_3$·6H$_2$O 溶液。把卵挤入事先清洗干净的瓷碗或瓷盆内，倒入研磨好的精液，轻轻搅拌，使卵粒和精液混匀。为提高受精率，应注意不要有血液污

图 3-9　亲鳅自然交配

染，否则将极大降低受精率。待充分受精后，加入水，漂洗干净；同时，为避免精子和卵的损伤，受精过程不宜在强光下进行。

图 3-10　人工收卵

四、孵化

将收集的受精卵放入孵化池进行孵化，孵化水温为 20~28℃，最适水温为 25℃，要求水质清新，含氧量丰富，溶解氧含量要求

6.0～7.5 mg/L。水温为 25℃时，大约 30 h 可出苗。孵化方法可采用孵化池静水孵化与孵化桶流水孵化的方式进行受精卵孵化。

1. 孵化池静水孵化

将带有泥鳅受精卵的网片或棕榈皮人工巢放置于水泥孵化池进行孵化。孵化过程中采用微孔管道增氧，确保水体溶解氧含量 6 mg/L 以上。同时，每 24 h 全池泼洒硫醚沙星溶液一次，用量为 0.12 g/m³ 防止水霉病的发生。约 40 h 后，使用益菌素全池泼洒 1 次，使卵膜等有机物质充分降解，确保水质清新。孵化过程中，每 8 h 测量水温一次，及时观察鳅苗出膜情况，记录出膜时间，待鳅苗全部出膜后，及时移去网片。

2. 孵化桶流水孵化

泥鳅卵黏性不高，产卵后可轻轻抖动人工巢或网片进行收集。未出膜前，适当加大水流速度，以卵不沉入桶底为宜。当卵孵出鳅苗后，降低流速，同时为确保溶解氧含量充足，每只桶设置 6～8 个散气头。每 8 h 测量水温一次，及时观察鳅苗出膜情况，记录出膜时间（图 3-11）。

图 3-11　孵化桶流水孵化

第二节　泥鳅苗种培育

一、育苗池的建设

育苗场应选择水源充足，排水方便，能自灌自排，水质清新，无污染，土质中性或微酸性，阳光充足，环境安静，交通便利，供电正常的地方。建设苗种培育池，主要以水泥池和土池为主。

选择水泥池的原因在于水泥池便于管理与捕捞。先在池底铺上20~30 cm厚的松软土，并在泥土中混入腐殖质，以利于泥鳅的生长和泥鳅天然饵料的培育。注入40~50 cm的池水，进水时必须用80目的筛绢进行过滤，以防有害生物的进入（图3-12）。

在培育池的上方，搭建遮阳棚，既满足鳅苗喜阴的环境，又避免了敌害生物的入侵。育苗池的四周最好也围起防护栏，避免敌害生物的进入。池水放置少量的水葫芦遮阴降温，既为鳅苗提供了遮阴避暑、攀附躲避的环境条件，又起到了净化水质的作用。育苗池的进排水口要安装防逃设施，池中要挖鳅沟（图3-13）。

图3-12　标准化的水泥育苗池　　图3-13　加盖防护栏的标准化水泥育苗池

苗种培育池也可以用土池进行培育，育苗池在使用前10 d用生石灰0.3 kg/m² 彻底消毒，亲鳅放养前3 d换一次水，每平方米施0.3~0.5 kg的粪肥作基肥，并且灌入20~30 cm的水。在进排水口处用120目密眼网布做栏网，以防鳅苗逃逸及敌害生物和野杂鱼进入池塘；在排水口处建一集鳅坑以方便捕捞（图3-14）。泥鳅喜阴暗环境，鳅苗喜攀附，可在池中投放水葫芦、浮萍等遮阴物，面积以占总面积的1/4为宜。

图 3-14　标准化的土池育苗池

二、育苗池的准备

1. 育苗池规格

育苗池可为水泥池或土池，可以是露天池，也可搭设遮阳棚。池塘面积一般为 50 ~ 100 m²，池深 60 ~ 80 cm，池底铺设腐殖泥土 10 ~ 15 cm，水位控制在 15 ~ 30 cm，池中可投放浮萍，用来平衡池塘水质和藻相，稳定水温，降低育苗池气泡病和车轮虫病发生率，覆盖面积约占总面积的 1/4。安装纳米微孔增氧或进水管道，保证 24 h 微流水，满足鳅苗对水质溶解氧要求，保持水体溶解氧含量 5 mg/L 以上。

2. 防逃设施

育苗池周围用网片、塑板或瓷板做围墙，以防蛇、鼠等敌害生物进入养殖区。进排水口用 120 目网布包裹，防止泥鳅逃跑及敌害生物和野杂鱼卵、苗种进入育苗池（图 3-15）。

3. 进排水设施

进排水口呈对角线设置，进水

图 3-15　防逃设施

口高出水面 20 cm，排水口设在鳅沟底部，并用 PVC 管接上以高出水面 30 cm，排水时可通过调节 PVC 管高度任意调节水位（图3–16）。

4. 鳅沟或集鳅坑

为方便捕捞，池中应设置与排水底口相连的鳅沟或集鳅坑，面积约为池底面积的 5%，比池底深 30 ~ 35 cm，鳅沟四壁用木板围住或用水泥砖石砌成。

图 3–16　排水口套管（左）及排水口（右）

三、泥鳅苗种活饵料的培育

1. 泥鳅苗种的开口饵料

优良的饵料生物需要满足以下要求。

（1）形态及大小适于仔稚鳅摄食　决定食饵对象是否被仔鳅喜好的最主要特征是大小，通常占口宽的 20% ~ 50%。这一尺度的上限由口裂及其宽度（左右口角之间的最大宽度）决定，下限由代谢需要决定。

（2）游动速度及分布便于仔稚鳅摄食　即饵料生物的易得性，通常取决于饵料生物对鳅的回避能力，是否有防御装置等。

（3）饵料的消化性　即只有饵料在摄食后易消化吸收，才能成为仔鳅的摄食对象。

（4）饵料的营养价值　饵料的营养价值高，在获得食物难度相同的条件下才能积累更多的能量，有利于泥鳅的生长和存活。

（5）饵料对水质的影响　水质是泥鳅赖以生存的必要条件，只有与泥鳅生活适宜水质条件才有利于泥鳅对饵料生物的选择。

泥鳅的初孵仔鳅依靠内源性饵料卵黄生存，并随着眼、口、消化道和鳍等与初次摄食有关的器官迅速发育开始开口摄食。随着仔鳅生长的延续，器官的发育日趋完善，其食物选择也会发生较大的变化，其中以仔鳅开口时饵料的选择影响最大。在卵黄消失后的两个月内，仔鳅主要以水中的轮虫和水蚤为食。

饵料对仔鳅具有非常重要的作用，特别是初生仔鳅存在"仔鳅危险期"，这时适口、丰富、营养完全的开口饵料的供给，成为保证仔鳅存活的关键。投喂仔鳅的开口饵料应为浮游生物，最好是浮游植物和轮虫等小型浮游生物，易捕食且适口，也不易伤害仔鳅，同时辅以蛋黄。当仔鳅渐渐长大，再逐步适量投喂配合饵料泥团。因投喂的配合饵料泥团在水中的分布不可能比浮游生物和蛋黄均匀，所以不宜作为仔鳅的开口饵料。此外，豆浆容易在水中形成悬浮物，影响溶解氧含量，且易发酵，因而更不能用来作为仔鳅的开口饵料，豆浆只能少量泼洒到池中培育浮游生物。目前，泥鳅苗种培育过程中较为常用的几种开口饵料为蛋黄、轮虫、藻类和水蚤。

蛋黄作为生产实践中常用的一种人工开口饵料，在传统的池塘鳅苗培育中取得了显著效果，但蛋黄易沉降、散失和败坏水质，致使鳅苗生长慢，存活率低，因此生产中可将蛋黄经80目筛绢过滤，蛋黄颗粒变小，使其在水中呈雾状均匀分布，可使悬浮时间保持在1 h左右，同时如果控制投饵量在适当的范围内，蛋黄就可以较好地被仔鳅摄食。但此种饵料不易储存，入水后易造成水质败坏，因此在生产上还是应引起注意。豆浆和鱼粉与蛋黄相比，存在营养价值低，不易消化的特点。

轮虫的大小为 166 μm × 230 μm，适口性较好，且轮虫的粗蛋白含量最高，粗脂肪含量仅次于蛋黄，含有大量仔鳅所必需的不饱和脂肪酸，其营养价值较高。另外，几种浮游动物的游动速度是不同的。枝角类、桡足类的游动速度较快，枝角类约为 1.5 cm/s，桡足类约为 5.0 cm/s，在水层中集群现象较为普遍；而轮虫游动速度较慢，低于 0.02 cm/s，在水层中分布较为均匀。因此，轮虫更适合作为开口饵料。从对水质的影响来看，轮虫可以在育苗水体中生长繁殖，不仅保持了其营养素的稳定，而且对水质的污染微乎其微。从以上几个特点看，轮虫作为开口饵料是非常理想的。此外，对于轮虫培育方法的研究也非常充分，培育技术比较成熟，保证了轮虫充足的来源。

藻类与轮虫相比，最大的区别在于其个体比轮虫更小，更适合在泥鳅开口初期作为开口饵料使用，其后，随着仔鳅的生长，口裂变宽，轮虫则成为最适合的饵料，两者是可以互补的。

水蚤是指水生枝角类和桡足类两大类浮游动物，其营养丰富、容易消化，是鳅苗、鳅种的适口饵料。但对于刚开口的鳅苗来说最好以轮虫和藻类为主，避免水蚤对鳅苗的伤害。

四、苗种培育

泥鳅营养来源有三个阶段，第一个阶段是内源性营养，完全依靠卵黄自身的营养，第二个阶段是混合性营养，即开口吃饵料，同时又吸收卵黄的营养源，第三个阶段是真正过渡到依靠外源性饵料为主的阶段。

仔鳅、稚鳅阶段相比其他鱼类，个体较小并具有外鳃结构，形状与幼鳅或成体相差较大，抵抗病害的能力相对较弱，一般成活率较低。通过有效控制环境条件，能安全度过外鳃转内鳃的生理过程，提高成活率。

1. 仔鳅培育

在水温 22 ~ 25 ℃下，鳅苗出膜孵出后 2 ~ 3 d 即可开口摄食，将鳅苗从孵化桶转移到育苗池，根据微流水的池塘水体承载量合理适度放苗，放养 3 日龄鳅苗，600 万 ~ 750 万尾 /hm² 为宜。若育苗池肥水不够，前 2 d 可投喂蛋黄，然后改投新鲜、煮熟的鱼肉糜，80 目筛绢过滤。日投喂量为每万尾 10 g 左右，稀释后均匀泼洒，9—10 时、16—18 时各一次，以 1 h 内吃完为准，此时可看到鳅苗肠管内充满白色食物。每次投喂 1 h 后再换水 80%，鳅苗有贴壁习性，换水方便。若投喂开口饵料，则要求适口，营养均衡，悬浮性好，不污染水体，宜采用轮虫为开口饵料；8 ~ 13 日龄鳅苗宜采用枝角类为开口饵料，以小型枝角类为主，配少量发酵饵料，要控制投饵料量及注意调整配比，严格防控鳅苗肠炎、气泡病发生。

育苗池消毒肥水一周后，放苗前先用小鱼试水，1 天后小鱼无异常，才可放苗。放苗时宜选在池塘避风向阳处。放苗前先试水花苗袋与池水的水温，若温差超过 2℃ 以上，则要缓慢调整水花苗袋的温度，使其与池水水温接近，若水花苗袋的水温比池水高 2℃ 以上，则调整温度的时间不得少于半小时。方法是先不打开水花苗袋，把池水浇在水花苗袋上，过一会后，把水花苗袋泡在池水里。待水温一致后，打开水花苗袋放苗，放养密度以 30 cm 左右水深每平方米放养 200 ~ 300 尾水花苗为宜。若浮游动物较多，可不投饵料，2 d 后须投喂蛋黄作为开口饵料，5 万尾每天投喂 1 ~ 2 个蛋黄，蛋黄煮熟后应用 100 目绢网过滤，每天分两次投喂。也可泼洒豆浆，每天早晚各一次，开始每 10 万尾苗日泼洒 0.5 kg 黄豆磨成的豆浆，以后逐步增加用量。泼洒时要沿池周泼匀。一般 0.5 kg 泡好的黄豆先加水磨成 10 kg 左右的豆浆，过滤去渣后投喂，否则时间过长，会产生沉淀，泼不均匀。

鳅苗下池 3 ~ 5 d 后，再追施肥料。水温较低时，可施化肥快速肥水，但禁用碳酸氢铵，因为它会杀死鳅苗。化肥宜施尿素，每 100 m² 育苗池施 0.25 ~ 0.3 kg，隔天再施 1 次，连施 2 ~ 3 次，水色以黄绿色为宜，过浓须加注新水。经过 7 ~ 10 d 的培育，此时鳅苗体色金黄，体长接近 1 cm，体质较强壮，可收苗计数，转池进行稚鳅培育。

2. 稚鳅培育

池塘面积 300 m² 左右，抽去淤泥。放苗 8 d 前消毒，施底肥，注水深 40 cm，培养浮游生物。鳅苗下塘时小型水蚤数量达到高峰，每平方米放养量 2 000 尾左右，2 ~ 3 d 后投喂鲤科鱼类人工配合饵料，前 10 d 每天 50 g/m²，以后日投喂量占鳅体总重的 5% ~ 8%。早、中、晚按日投喂量的 30%、40%、30% 各投喂一次，经过 30 ~ 40 d 的培育，成长为幼鳅，此时可分塘进行大规格苗种培育或成鳅的养殖。

3. 饲养管理

泥鳅在仔鳅、稚鳅阶段易大小相残，饵料一定要投足、投喂均匀。加强巡塘，每天监测溶解氧含量，溶解氧含量需要在 5 mg/L 以上，发现问题及时换水补水。同一池中要放养同批孵化规格一致的鳅苗，确保苗种均衡生长，避免大吃小现象。稚鳅培育阶段随着鳅体生长，定期排去部分老水，加注新水，保持水深 40 cm 左右。

清塘消毒要彻底，水温应控制在 25℃ 及以上，防止仔鳅、稚鳅外鳃感染水霉。进排水口加密网装置，防止敌害生物进入池中。

暂养 7 d 后，鳅苗平均体长有 1 cm，开始进入夏花苗培育阶段。当鳅苗长成 3 cm 左右后，可以转入池塘内培育。

第三节　泥鳅苗种放养

一、苗种放养

1. 放养前准备

干水清塘，每公顷用生石灰 2 250 kg 或漂白粉 60 ~ 75 kg 调节池水 pH，杀灭病原生物。施基肥，视池塘底质，用发酵腐熟好的有机肥料，一次施足基肥，每公顷用 6 000 ~ 7 500 kg。

2. 池水深度、透明度与水质调节

池水深度 50 cm 左右。培育 20 ~ 30 d 时,池水深度增加至 60 ~ 80 cm。放苗时,池水透明度 30 cm 以下,之后适当追肥,控制池水肥度。夏季池水透明度控制在 25 ~ 30 cm,秋季保持在 35 cm 左右。

3. 放养密度

泥鳅夏花苗培育的放养密度控制在约 450 万尾 /hm² 最为合适(图 3-18),这时池塘内具有足量的天然性饵料和溶解氧供给,泥鳅生长速度快,病害少。如果进行高密度苗种培育,放养密度每公顷可增加至 1 200 万尾左右。此时需要注意适当增加饵料投喂,以及水质和病害的控制,尤其是在高温下需要增加水体溶解氧含量和池水深度。

图 3-18 培育后的健康夏花苗种

4. 水质管理

定期加注新水,水质达到"肥、活、嫩、爽"的要求,每隔 15 ~ 20 d 全池泼洒生石灰 1 次,每公顷用量 225 ~ 300 kg。保持水温 16 ~ 32 ℃,pH 7.0 ~ 8.5,氨氮含量≤0.5 mg/L、亚硝酸盐含量 ≤0.02 mg/L,其他指标符合《无公害食品 淡水养殖用水水质》(NY 5051—2001)。

5. 饵料投喂

夏花苗阶段开始投喂豆浆并辅以少量泥鳅特种粉料，每公顷投喂 15～30 kg 豆浆和 2 250 g 左右粉料。之后每天逐渐增加粉料450～750 g，减少豆浆 1 500 g 左右。一周后即出膜后 17 d，开始投喂团料，每天投喂两次，共投喂 7 500～12 000 g；24 d 开始投喂小颗粒料，每天投喂两次，共投喂 15.0～22.5 kg，并且每天按摄食情况增加饵料，阴雨天气不投喂。经过 30 d 左右的培育，泥鳅苗体长可达 3～4 cm，成活率一般为 15%～30%。此时根据情况转入成鳅分池饲养或销售。

6. 日常管理

（1）及时补充新水或换水　每隔 10 d 左右加注一次新水，水质恶化时要及时换水。

（2）适时调节水质　每半月或一月泼施生石灰一次，每次每公顷用量 225～300 kg，以调节水质、增加钙肥，有利于泥鳅的生长和减少鳅病的发生。

（3）巡塘　每天早晚各一次，高温天气和闷热天气夜间增加一次巡塘。查看泥鳅的活动和摄食情况，及时清除杂物和残剩草料。

（4）防旱、防涝、防逃　在伏旱季节，灌满池水，洪水季节及时疏通排水沟（渠），维护拦鳅设施，防止泥鳅逃跑。

（5）做好养殖生产记录　包括苗种来源、生产状况、饵料来源及投喂、水质变化、鳅病防治等内容。

二、泥鳅苗敌害防治

从出膜到 30 日龄内，鳅苗的主要敌害有划蝽、水蚤、水蜈蚣、蝌蚪等，会造成鳅苗 50%～70% 的高死亡率。防治措施主要有：一是做好育苗池清塘消毒工作；二是育苗池加水应在进水口处用 80目的筛绢进行过滤，以防敌害生物进入；三是设置安装防护网覆盖育苗池，最大程度降低鳅苗天敌危害；四是可选用针对性药物防治，如吡虫啉可以有效杀灭水蚤。

第四章

稻鳅综合种养管理

稻鳅综合种养既能够确保粮食生产安全，又能取得鳅、稻增产的效果，是当前农业、农村经济结构战略性调整和转型阶段适宜推广的一种生态优质、环保节能的农业高效生产新模式。其种养管理与单一的稻田管理或养殖管理有很大不同，需要兼顾水稻种植需求、泥鳅养殖需求以及二者相互作用对管理过程的影响。

第一节　种　植　管　理

稻鳅综合种养中水稻种植管理需要综合考虑水稻从育秧到收获的全过程，同时还需要分析水稻各阶段管理对泥鳅生长、营养的影响，并作出管理调整（图4-1）。

一、田间管理

直播稻播种前 14 d 翻耕田块，同时施有机肥 7 500 ~ 9 000 kg/hm^2，

图 4-1　稻鳅种养基地

在水稻生长旺盛期可适当施用复合肥、尿素等追肥。播插后 7 d 内，田面保持浅水层 2.5 cm，14～28 d 实行间歇排灌，28～35 d 进行深水控蘖，收割前 7～14 d 通过降低水位确保水沟、水坑满水。水稻收割后加注新水并提高水位，为泥鳅提供良好的生长环境。

二、育秧及栽插

1. 硬盘基质栽插

视泥鳅生长情况，于 6 月上中旬播种育秧。每盘播量为芽谷 140～150 g，秧龄 14～16 d 栽插。

2. 露地育秧人工移栽

视泥鳅生长情况，于 5 月下旬至 6 月初整畦播种育秧，播种量为 525～600 kg/hm^2，秧龄 35 d 左右移栽。6 月底至 7 月初完成移栽。

3. 田间栽插

（1）机插   株行距为 18 cm × 30 cm，栽 15 万穴 /hm^2，每穴 4～5 粒谷，基本苗每公顷 5 万左右。

（2）人工移栽   株行距为 25 cm × 30 cm，栽 15 万穴 /hm^2，每穴 4～5 粒谷，基本苗每公顷 67.5 万左右。

三、肥料运筹

施足基肥，耕翻田块，基肥施 45% 复合肥 300 kg/hm^2，分蘖肥施尿素 187.5 kg/hm^2，拔节孕穗肥施尿素 150 kg/hm^2。

水稻返青后每 10 d 追施一次发酵的有机肥，施肥量为 1 500 kg/hm^2，方法为排干水至田面，晒田 3 d 后施入，施肥后再加水 20～30 cm，既可培养大量的天然饵料，如水蚤、水蚯蚓等，又可给秧苗提供必要的肥源。

四、水位管理

机插水稻栽插后以薄水活棵，适时露田，浅水分蘖；人工移栽水稻可适当提高水位，便于控制杂草；7 月 20 日开始搁稻，至 7 月底逐步搁硬田块。稻田搁田和日常稻田管理一致，搁田时慢慢降低水位，以确保泥鳅入鳅沟，沟内保持水位 30 cm。8 月初正常灌水，待抽穗扬花期、灌浆期结束，采用干湿交替管理，成熟前 15 d 断水，田间水位降低到沟内。

五、病虫草害防治

坚持"预防为主、防重于治"的原则。水稻生长期的病虫草害防治宜选物理防治、农业防治和生物农药防治为主，采用性诱剂、杀虫灯、芽孢杆菌等杀虫。稻纵卷叶螟、二化螟用生物农药苏云金杆菌、乙基多曲古霉素防治，稻飞虱用生物农药烯啶虫胺吡蚜酮防治，纹枯病、稻曲病用生物农药纹曲宁和茶黄素防治，稻瘟病用生物农药三环唑防治。禁用泥鳅敏感的杀虫剂。

养鳅稻田中由于泥鳅可吞食稻田中大部分害虫、虫卵和菌体，病虫害一般较轻，不需要施药。但病虫害大发生年份如确需施药防治，一般可采取以下方法：一是育苗时对稻种进行药物处理，可杀灭种子上病菌和虫卵；二是插秧前在秧田中重施一次治病和杀虫药，可起到很好的预防效果。采用这两种方法后，稻鳅共作期间一般不需再施药。如中间确需再用药时，一是加深水层，尽量喷洒在稻叶上；另一种方法是排干田面水，让泥鳅集中到鳅沟中再施药。但无论哪种方法均须选用高效低毒农药。养鳅稻田一般不用中耕除草。

六、收获水稻

11 月上中旬水稻成熟，适时抢收水稻，水稻每公顷产量可达 6 000 ~ 6 750 kg。

第二节　养 殖 管 理

一、水质管理

放苗前需要施足基肥，培肥水质，繁育饵料生物。具体方法是在沟坑中用干燥或新鲜牛粪、猪粪、鸡粪、稻草和米糠等混合铺 10 ~ 15 cm 厚，再盖一层泥土。秧苗移栽 10 ~ 20 d 后，放养鳅苗，鳅苗要求体质健壮、规格整齐、无病无伤、活动力强。投放时应进行温差调整，可将水花苗袋放入拟投放的水体 30 min 左右，使水花苗袋内外水温温差≤2℃，再打开水花苗袋，让鳅苗游入水体。我国中部和南部地区宜放养 3 ~ 4 cm/ 尾规格的鳅苗 15.0 万 ~ 22.5 万尾 /hm²；北方地区宜放养 7 ~ 8 cm/ 尾规格的鳅苗 7.5 万 ~ 12.0 万尾 /hm²。鳅苗放养数量与稻田条件、预期上市规格及泥鳅生长期均有关系，我国南方部分地区消费者喜食规格较小的泥鳅，如果稻田水质较好，沟坑面积较大，也可适当加大放养 3 ~ 4 cm/ 尾规格的鳅苗至 30 万 ~ 45 万尾 /hm²，预期目标产量可达 1 500 ~ 2 250 kg/hm²。

为保证泥鳅生长需求，养殖泥鳅的稻田尽量灌满水，保持鳅沟水位 60 cm 以上。晒田时稻田水位降低，沟坑需要保留一定水位的水体，以确保泥鳅生长需要。养殖期间一般无须大量换水，水位降低时可适量加水，避免因大量换水引起泥鳅应激反应，剧烈游动而互相擦伤，造成伤口感染发病。在高温季节和水质变差时要根据情况随时换水，进水要求洁净无污染，每次换水量一般不得超过原水量的 1/3。夏季稻田里的水渗漏或者蒸发较快，需要根据巡查情况及时加水，稳定稻田水位。

二、投饵管理

泥鳅为杂食性鱼类，在天然水域中以昆虫幼虫、水蚯蚓、底栖生物、小型甲壳类动物、植物碎屑、有机物质等为食。在稻田养殖时，泥鳅可以充分利用稻田里的天然饵料，但由于泥鳅放养数量较高，只有天然饵料是不够的。稻田养鳅要想取得高产，除施底肥和追肥外，还应进行日常投饵，所投饵料的粗蛋白含量要达到 35% 以上才能满足泥鳅的生长需要。

鳅苗下田 5～7 d 不投喂饵料，此后至第 1 个月内投喂动物性饵料和植物性饵料 1∶1 的混合饵料，也可投喂泥鳅专用饵料。每天投喂 1 次，投喂时间以清晨或傍晚为佳，每次投喂量为泥鳅总重的 3%～4%。在初期时采用撒投法，即将饵料均匀撒在田面上，以后逐渐缩小食场，最后将饵料投放在固定的鳅沟里，以利于泥鳅集中摄食。在 1 个月后，每天投喂 2 次，投喂量按泥鳅总重的 5% 计算，上午投喂日饵量的 40%，下午投喂日饵量的 60%。一般在投喂 40 min 后检查泥鳅摄食状况，如果剩余则说明投喂量过大，应当适当减少投喂量；反之，则要适当增加投喂量。同时参考"三看四定"原则，反复调整，这样既能够保证泥鳅生长的营养需求，又不会浪费饵料。此外，具体投喂量还要结合水温的高低、天气状况灵活掌握。泥鳅下苗后，随着气温、水温的升高，泥鳅的活动量和摄食量逐渐增加，可加强饵料的投喂，气候适宜可日投 2～3 次，阴天和气压低的雨天应少投或不投。到 11 月中下旬水温降低，便可减投或停止投喂。投喂地点一般在四周的浅水区，要设置几个固定的投饵点，以减少饵料浪费和便于观察。饵料种类可以农副产品为主，如米糠、豆饼、菜籽饼、动物下脚料等，搭配少量鱼粉、蚕蛹粉；后期可在暂养坑多投喂一些饵料，利于集中捕捞。

三、病害防治

稻田养殖泥鳅病害较少，但在人工饲养管理不善或放养密度过大、水质恶化等环境严重不良时，也会发生病害，直接影响泥鳅的生长速度和成活率。泥鳅病害防治以"预防为主，防治结合"为原则，主要做好以下工作：一是做好稻田消毒关，放养鳅苗前一周，用生石灰 1 050 kg/hm² 带水 150 kg 开展稻田消毒，重点是沟坑、水渠；二是严把鳅苗消毒关，放养的鳅苗用 30 ~ 40 g/L NaCl 和 NaHCO₃ 混合溶液（1∶1）消毒，浸洗 5 ~ 10 min；三是饵料投喂坚持"四定"原则，不投喂过期、变质饵料；四是加强日常管理，巡查发现水质恶化及时加水换水，或使用生石灰、强氯精、聚维酮碘等药物兑水泼洒消毒；五是定期（半个月）在泥鳅饵料中添加益生菌、渔用复合维生素、三黄粉及护肝利胆、预防肠炎类药物等拌料投喂，连喂 3 d。

四、生物敌害防治

泥鳅的生物敌害较多，主要有蛇、鸟、鸭、鼠、蝌蚪、水蜈蚣及凶猛鱼类等。在放养泥鳅苗种前需要彻底清塘，清除池边杂草，保持养殖环境卫生。进水口要用铁筛网围好，防止敌害生物随流水进入池中。做到勤巡塘，严防堤埂破损和渗漏，经常清理进排水口的拦网设备，发现破损及时补修，确保泥鳅不外逃。捕杀田鼠、水蛇等敌害生物，严防鸟类危害。如发现蛙类应及时捕捉，蛙卵要及时打捞干净。若发现水田里有水蜈蚣，应立即用 0.5 ~ 1.0 g/m³ 晶体敌百虫全池泼洒杀灭。

五、日常巡查

稻田养殖泥鳅要坚持日常巡查，最少早晚各一次。检查防逃设施是否有漏洞，防止泥鳅逃跑。雨天要对进排水口及堤坝进行严格检查，防止水漫过防逃设施，造成不必要的损失。检查泥鳅活动情况，特别是如发现泥鳅浮头、受惊或日出后仍不下沉，应加注新水并做好消毒工作，防止因缺氧、病害等发生死鳅现象，闷热天要格外注意。密切注意田水的水色变化。稻田水以黄绿色为宜，泥鳅投放前期天气温度较低时，每 3 ~ 5 d 测定水温，有条件的要及时观察和检测水中的溶解氧、氨氮、亚硝酸盐含量，以及水的 pH 和透明度，因为生物肥发酵会对水质产生影响，如发现异常及时采取措施，注入适量的新水进行调节，使稻田水质基本保持"肥、活、嫩、爽"，水深在 20～30 cm。清洗食台，消除一部分生长过剩的水草，及时摘除隐蔽的浮叶和衰老的早生立叶，以保持稻田的通风透光，并结合每天的具体情况做好记录。

第五章

泥鳅病害防控

泥鳅病害根据发生的原因和病理特点，可分为生物因素、饵料因素、环境因素引起的疾病三大类型。本章主要介绍由生物因素引起的泥鳅病害，按病原的种类分细菌性鳅病、寄生虫鳅病、真菌性鳅病及敌害生物等予以介绍，并附泥鳅常见病图谱（见书后彩插）。

第一节　细菌性鳅病及其防治

一、赤皮病

1. 发病症状

赤皮病是由于鳅体捕捞擦伤或水质恶化、养殖不当而使鱼体感染细菌引起的。症状表现为鳍部或体表部分表皮剥落，呈灰白色，肌肉开始腐烂，肛门部位发红，继而出现血斑，并逐渐变为深红色（图5-1）。严重时，病鳅体表充血发炎，鳍部、腹部皮肤及肛门周围充血，溃烂；尾鳍、胸鳍充血并烂掉；鳍条间的组织常被破坏呈扫帚状，不摄食，随即死亡。

2. 病原与流行

该病病原为条件致病菌，体表无损伤时，病菌无法侵害皮肤。

图 5-1　赤皮病

其传染源是赤霉菌污染的水体、工具或带菌的其他鱼类。泥鳅感染主要发生在高温季节，水温越高，感染越严重，死亡率越高。

3. 防治方法

（1）预防方法 含氯石灰（或漂白粉）全池泼洒。

（2）治疗方法 诺氟沙星粉以每千克体重鳅 30 mg 的剂量，拌饵投喂，每天 1 次，连用 3~5 d。

二、出血病

1. 发病症状

病鳅体表呈点状、块状或弥散状充血和出血，内脏也有出血，患病多为群发或暴发，呈败血症现象。有的口、眼出血，眼球突出，腹部膨大、红肿；有的鳃呈灰白色，严重时鳃丝末端腐烂（图5-2）。腹腔内积有黄色或红色腹水，肝、脾、肾肿大，肠内充气且无食物，肠壁充血。在高温季节急性感染时，有些病鳅外表无明显症状即死亡。

红点　　　　充血

图5-2　出血病

2. 病原与流行

该病由综合因素诱发，主要是由维氏气单胞菌或嗜水气单胞菌等气单胞菌属细菌引起。此病是近年来在泥鳅养殖中发现的一种新的细菌性疾病，呈败血症的典型症状，疾病发展迅速，死亡率高。从早春至 10 月均有发生，以夏季发病率最高。

3. 防治方法

（1）预防方法 彻底清塘，掌握合理的养殖密度。苗种下塘用

30～50 g/L NaCl 溶液药浴 3～5 min。适时换水、增氧，保持水质清新。勤除杂草和清洗食台，不留残饵，发现死鳅及时捞出并进行无害化处理。

（2）治疗方法 用 0.3 g/m³ 的二溴海因或溴氯海因兑水全池泼洒，隔天 1 次，连用 2～3 次；同时用 10～20 mg/kg 的恩诺沙星粉（以恩诺沙星计）均匀拌饵投喂，每天 2 次，用 5～7 d，病情严重者可再用一个疗程。

三、肠炎病

1. 发病症状

病鳅肠壁充血发炎，腹部膨大，有红斑，体色变黑，肛门红肿，肠道紫红色，有黄色黏液。此病常与烂鳃病、赤皮病并发（图 5-3）。

图 5-3 肠炎病

2. 病原与流行

由气单胞菌或摩氏摩根菌感染引起。水温 20 ℃以上易流行。

3. 防治方法

全池泼洒菌毒净或拌饵投喂恩诺沙星粉、诺氟沙星粉。

四、打印病

1. 发病症状

病鳅在肛门附近、腹部两侧出现溃疡红斑（图 5-4）。

图 5-4　打印病

2. 病原与流行

由嗜水气单胞菌、维氏气单胞菌等感染引起。流行于 7—9 月。

3. 防治方法

用二氧化氯全池泼洒，每立方米水体使用 0.75 g。

五、烂鳃病

1. 发病症状

病鳅体色发黑，鳃丝腐烂发白，尖端软骨外露，鳃上有污泥，多黏液（图 5-5）。

图 5-5　烂鳃病

2. 病原与流行

养殖密度大，水质差，鳅体感染柱状屈挠杆菌，引起鳃组织腐烂所致。水温 15℃以上时均易发。

3. 防治方法

用二氧化氯全池泼洒消毒或拌饵投喂诺氟沙星粉。

第二节　寄生虫鳅病及其防治

一、杯体虫病

1. 发病症状与病原

杯体虫（图5-6）引起病鳅漂浮水面，游动吃力，状似缺氧浮头。鳅体发黑，仔细观察可见其鳃盖后缘略发红，鳍条残损。刺激鳃丝大量分泌黏液，鳃丝水肿充血，血窦数量明显增加，大量虫体寄生时，病鳅离群独游，不摄食，呼吸频率加快。该病是由杯体虫附着在泥鳅的皮肤、鳃上引起的寄生虫病。杯体虫病全国各地区都有发生，若杯体虫大量寄生在体长1.5～2.0 cm的鳅苗上，会造成鳅苗呼吸困难，严重时导致鳅苗死亡。该病一年四季均会发生，以5—8月较为普遍。

图5-6　杯体虫

2. 防治方法

预防主要是在鳅种放养前用8 mg/L硫酸铜溶液浸洗15～20 min。发病后，每立方米水体用0.7 g硫酸铜和硫酸亚铁合剂（5∶2）化水全池泼洒。

二、车轮虫病

1. 发病症状与病原

由车轮虫（图5-7）寄生在泥鳅的体表及鳃部引起的寄生虫病。病鳅摄食量减少，影响鳅体生长；常出现白斑，甚至大面积变白。病鳅离群独游，行动迟缓、呆滞，呼吸吃力。严重时虫体密布体表及鳃部，治疗不及时会引起鳅苗大量死亡。感染严重时，

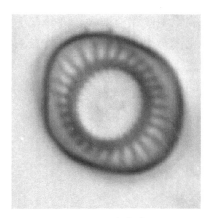

图5-7　车轮虫

鳅苗成群沿池边绕游，狂躁不安，直至鳃部充血、皮肤溃烂而死。在我国泥鳅养殖地区均有发生，流行于5—8月，是泥鳅苗种培育阶段常见的疾病之一。

2. 防治方法

夏花苗种下塘前用20 g/L NaCl溶液浸洗15 min，视鳅种忍耐程度酌情增减时间；或用8 mg/L硫酸铜溶液浸洗20~30 min进行鳅体消毒。治疗时每立方米水体用0.7 g硫酸铜和硫酸亚铁合剂（5∶2）化水全池泼洒，连用2 d。使用车轮必克全池泼洒，每立方米水体使用0.75 mL。

三、指环虫病

1. 发病症状与病原

由指环虫（图5-8）感染引起。指环虫的虫体通常为长圆形，形态像尺蠖，寄生在泥鳅的鳃和皮肤上。身体前端有4个瓣状的头器常常伸缩，头部背面有4个眼点，口通常呈管状，可以伸缩，位于身体前端腹面靠近眼点附近，口下接一圆形的咽，咽下为食管，接着是分2支的肠，肠的末端通常与后固着盘的前面相连，使整个肠成环状，但也有不相连而呈直管状的。泥鳅大量寄生指环虫时，

病鳅鳃丝黏液增多，鳃丝全部或部分成苍白色，妨碍呼吸，有时可见大量虫体挤出鳃外。鳃部显著浮肿，鳃盖张开，病鳅游动缓慢，直至死亡。泥鳅指环虫病是一种常见的多发性鳅病，主要以虫卵和幼虫传播，流行于春末夏初，大量寄生可使鳅苗大批死亡。

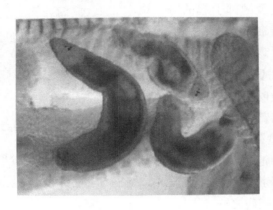

图5-8   指环虫

2. 防治方法

甲苯达唑乳剂泼洒。每立方米水体使用甲苯达唑乳剂0.15 mL，用水稀释充分混匀全池泼洒。晴天上午用药，用药后及时增氧，并注意观察效果，有必要时3 d后重复用药一次。

四、三代虫病

1. 发病症状与病原

由三代虫（图5-9）引起。当少量寄生时，鳅体摄食及活动正常，仅鳃丝黏液增多；当大量寄生时，泥鳅体表无光泽，游态蹒跚，无争食现象或根本不靠近食台。逆水窜游或在池壁摩擦，鳃丝充血，鳃黏液分泌严重增加，严重时鳃水肿、粘连。主要流行时间为5—6月，对幼鳅危害较大。

2. 防治方法

（1）预防方法   一般春季是最佳防治时间。此时三代虫种群开始扩增，泥鳅抵抗力较低最容易感染。预防在养殖的每个阶段都要注意：通常在养殖泥鳅苗种入池前用高锰酸钾溶液消毒，以防止将病原带入；干塘后用漂白粉、生石灰彻底清塘；同时及时定期清除水中的饵料和粪便，保持水质清洁，加强养殖管理，降低养殖密度，升高水位，提高泥鳅苗种的抵抗力；发现病鳅及时清除，防止再次感染。

（2）治疗方法 泥鳅属于无鳞鱼类，对常见的三代虫防治药物如高锰酸钾、福尔马林、氯化钠、生石灰等均敏感，使用10%甲苯达唑乳剂泼洒或甲苯达唑粉拌饵饲喂对三代虫治疗效果较好，用量与用法如下。

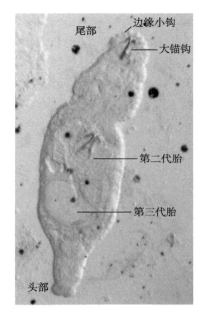

图5-9 三代虫

① 甲苯达唑乳剂泼洒 每立方米水体使用甲苯达唑乳剂0.15 mL，用水稀释充分混匀全池泼洒。晴天上午用药，用药后及时增氧，并注意观察效果，有必要的话3 d后重复用药一次。

② 甲苯达唑粉拌饵投喂 甲苯达唑是长期以来较为安全有效的广谱驱虫药，休药期为500度日（温度×天数）。可用0.2 g/m³甲苯达唑粉拌饵投喂，5～7 d见效。由于三代虫容易反复感染，所以在用药后1～2 d配合使用恩诺沙星等喹诺酮类药物杀菌效果更佳。

五、小瓜虫病

1. 发病症状与病原
由多子小瓜虫（图5-10）引起的寄生虫病。病鳅的皮肤、鳍、鳃、口腔等处布满小白点，肉眼可见，故又称白点病。当病情严重时，体表似有一层白色薄膜，鳞片脱落，鳍条裂开、腐烂。病鳅体色发黑、消瘦、游动迟缓，不时在其他物体上摩擦，不久即离群死亡。小瓜虫对寄主没有年龄选择，从鳅苗到成鳅都受其侵害，是对泥鳅危害最为严重的疾病之一。主要流行于春末夏初，温度15～25℃。

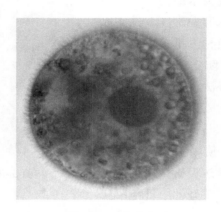

图 5-10　小瓜虫

2. 防治方法

生石灰彻底清塘，杀灭小瓜虫的胞囊。放养鳅种前，若发现有小瓜虫，每立方米水体加入 250 mL 福尔马林，浸洗 15～20 min。使用青蒿粉拌饵投喂，连喂 3 d。每立方米水体使用辣椒粉 0.37 g、生姜干片或鲜生姜 0.75 g，混合加水 150 kg 煮沸，熬成辣姜汤，冷却后全池泼洒，每天一次，连续 3 次，晴天中午泼洒。

六、锥体虫病

1. 发病症状与病原

由锥体虫引起。其传播与繁殖与蛭类有关：蛭吸食病鳅血液后，锥体虫随血液进入蛭中，并在其消化道内繁殖，当蛭再吸食鳅血时便将锥体虫传播给了下一条鳅。一般没有明显异状，偶见食欲降低，精神萎靡，严重时鳅体虚弱消瘦，并有贫血。全国各地均有发生。锥体虫虽然危害不大，但由于泥鳅极易遭蛭袭击，故应多加防范。

2. 防治方法

诱杀蛭，切断蛭类的传播途径。保持养殖水体微生态平衡，使水质符合渔业水质标准。

第三节　真菌性鳅病及其他

一、水霉病

1. 发病症状与病因

由水霉、腐霉等真菌引起。主要是由于鳅体受伤，霉菌孢子在伤口繁殖并侵入机体组织（图5-11）。肉眼可以看到发病处簇生白色或灰色棉絮状物，貌似"白毛"。病鳅行为缓慢，食欲减退，瘦弱致死。在低温阴雨天气，鳅卵孵化过程易患此病。

2. 防治方法

对鳅卵的防治方法是，用 5 g/L NaCl 溶液浸洗鳅卵 1 h，连续用 2~3 d；或用 0.4 g/L NaCl 溶液加 0.4 g/L $NaHCO_3$ 溶液浸洗 20~30 min。对病鳅用 20~30 g/L NaCl 溶液浸洗 5~10 min；也可用医用碘酒或 10 g/L 高锰酸钾溶液涂于泥鳅病灶；还可用 0.4 g/L NaCl 溶液

图5-11　水霉病

加 0.4 g/L NaHCO₃ 溶液全池泼洒。

二、气泡病

1. 发病症状与病因

水体中氧或其他气体过多引起。病鳅肠道充气，常腹部向上，静止漂浮于水面上。泥鳅苗种阶段，若水中适口饵料缺乏，枝角类、沙蚕、蚊虫幼虫等大型浮游动物也可被吞食，但鳅苗消化困难，或排泄不畅导致肠道胀气，易暴发气泡病（图 5-12）。

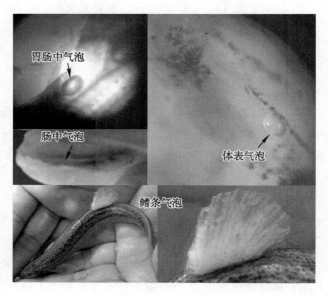

图 5-12   气泡病

2. 防治方法

保持培育池适宜水位，控制池水肥度，保持培育池水质"肥、活、嫩、爽"，切忌肥水压塘；加注新水要水温低、水质清新，严防浮游植物繁殖过盛；气泡病暴发，可用 NaCl 溶液全池泼洒或开启增氧机，待病情减轻后，再大量换注水；建议规模化的鳅苗培育场设生态池专门培育鳅苗适口的浮游生物，待鳅苗下塘后收集提供鳅苗摄食。

三、应激综合征

1. 发病症状与病因

泥鳅应激综合征是指改变泥鳅养殖环境，如将泥鳅从池塘转到水泥池或塑料桶，一昼夜即造成泥鳅死亡的一种疾病，死亡泥鳅典型症状为体表起泡或溃烂，解剖发现肠道充血、鼓胀（图 5-13）。可能由摩氏摩根菌感染引起。

图 5-13　应激综合征

2. 防治方法

防治应激综合征首先要注意操作方法，尽量选择在晴天上午更换泥鳅养殖环境，保证水温和水环境一致，可适当使用应激灵之类的药物。在转塘操作前 3 天，可使用恩诺沙星或诺氟沙星拌饵投喂泥鳅，达到杀菌的目的，可有效降低由摩氏摩根菌感染导致的应激综合征发生。

四、水质恶化导致的疾病

1. 发病症状与病因

该类疾病主要发生于夏季高温季节，浅水养殖塘更易发生此类疾病。发病原因是因水体小，气温高，养殖密度高，投喂的残饵加速腐败，造成水体氨氮、亚硝酸盐含量大大增高，溶解氧不足，从而造成泥鳅腐皮烂鳃，最终死亡（图 5-14）。

2. 防治方法

由于水质恶化导致的疾病不能盲目地使用杀菌药物，应该从

改善水质着手防治。较好的方
法是将泥鳅暂养于深水池塘
（1.5 m 以上为佳）中，在水面
一角种植水葫芦或水蕹菜净化
水质。

图 5-14   水质恶化导致的疾病

五、白尾病

1. 发病症状与病因

由一种黏球菌引起。发病
初期，鳅苗尾柄部位灰白，随后扩展至背鳍基部后面的全部体表，
并由灰白色转为白色，鳅苗头朝下、尾朝上，垂直于水面挣扎，严
重者尾鳍部分或全部烂掉，随即死亡。

2. 防治方法

将三黄粉加入 25 倍的氨水（3 g/L）中浸泡，全池泼洒，使水体
浓度为 3 g/m³。或强氯精溶于水，全池泼洒，使池水浓度为 1 g/m³，
待 4 h 后，再泼洒五倍子浸泡液使池水浓度为 3 g/m³，以促使病灶
迅速愈合。

六、红环白身病

1. 发病症状与病因

是由泥鳅捕捉后长期蓄养所致。病鳅体表及各鳍条呈灰白色，
体表出现红色环纹，严重时患处溃疡。

2. 防治方法

泥鳅放养后用 1 mg/L 漂白粉泼洒水体，或将病鳅移入净水池中
暂养一段时间，能起到较好效果。

七、烂口病

1. 发病症状与病因

泥鳅在捕捞、运输和放养初期，头部受到损伤，继而细菌感染

和原虫寄生，病鳅不能进食，逐渐衰竭死亡。病鳅呆滞水面或池底，行动迟缓，口部发白，上颌溃烂，成白色棉絮状，或露出上颌骨，头部胡须或断，下颌轻微充血。

2. 防治方法

要保证苗种质量；放养前做好清塘消毒；肥水下塘以提高苗种成活率。对于已患病泥鳅，应先杀虫、后杀菌、再调水，同时内服药饵。

八、生物敌害

在泥鳅养殖过程中，要防止鸟害，清除水蛇、乌鳢、水蜈蚣、水蚤等，防止其侵袭和危害。

防治方法主要是安装防护网和驱鸟器。在放养鳅种前彻底清塘，饲养管理期间，及时清除生物敌害，尤其加强鳅苗、鳅种池的管理。可全池泼洒 $0.5 \sim 1.0$ g/m³ 的晶体敌百虫化水清除水蜈蚣；可全池泼洒 0.4 g/m³ 的吡虫啉杀灭水蚤；22.5 kg/hm² 雄黄粉撒于池堤四周，驱赶水蛇；煤油灯可诱捕夹子虫和水蜈蚣。

九、非生物敌害

主要是农药中毒，如在稻田养鳅时，常使用各种农药来防治水稻虫害。

防治方法主要是合理选择用药时机，使用低毒、高效、低残留农药，避免使用除草剂。使用农药时采用孔径较小的喷雾器，喷头要向上横扫水稻茎叶，以减少药害。

第六章

泥鳅起捕运输

泥鳅养殖到预期规格或达到目标市场需求后，就可以收获上市销售了。稻田养殖泥鳅的生长期一般较池塘养殖时间短，养成商品鳅的规格一般也较小，大多在每年水稻收割前后就可以陆续上市销售。泥鳅的捕捞主要指成鳅捕捞，也包括了水花苗、夏花苗的捕捞。

第一节 泥 鳅 捕 捞

一、捕捞工具

1. 张箱、张网

鳅苗生产常用工具，用尼龙筛绢网片缝制而成，网目为 60 目。张网呈漏斗形，口呈长方形，规格为 70 cm×54 cm，后部呈袖状，用竹片撑成圆形，直径 12 cm。张箱高度 20 cm，长宽为 46 cm×28 cm，呈长方形，短边一端留有一个直径 10 cm 的圆形开口。

2. 拉网

鳅苗拉网是育苗培育单位最常用的工具，用聚氯乙烯网片制成，高度 3 m，长度 36 m。泥鳅专用拉网长度是池塘宽度的 1.5 倍，高度为 3 m，网目直径 1 cm。

3. 地笼网

地笼网是抓捕成鳅最常用的工具，其网目直径 1 cm，长度 20 cm。

二、捕捞方法

1. 幼苗的捕捞

在水温25℃时，受精卵经过流水孵化出苗后28~60 h即可分装充氧运输或下塘，捕捞时需要多人合作，用张网收集鳅苗。

2. 大规格鳅苗捕捞

鳅苗下塘经过20~30 d的喂养管理，体长达到3~5 cm，可以出池进入成鳅养殖阶段，由于此时的泥鳅苗种规格较小，身体娇嫩，一般用鳅苗拉网起捕。鳅苗用网拉起后暂养在网箱中，要及时把杂质脏物清理干净，用泥鳅专用筛进行规格分类、计数、消毒后分塘喂养。

3. 成鳅的捕捞

成鳅捕捞工具主要有地笼网、泥鳅专用拉网等。先用泥鳅专用拉网在池里拉捕3~5遍，然后在池塘中用地笼网诱捕，一般情况下，用拉网能捕捞总量的30%~50%，其余用地笼网捕捞。如小批量捕捞泥鳅上市，推荐使用地笼网，节省人工，方便快捷。

（1）食饵诱捕法　把炒香的米糠或麦类放在一种特制的竹笼内，将竹笼置于池周边，引诱泥鳅进入竹笼内。

（2）排水捕捞法　先将池水排干，然后根据成鳅池的大小，在池底开挖数条宽40 cm、深25~30 cm的排水沟，在排水沟附近挖坑，使池底泥面无水，沟、坑内积水，泥鳅会聚集到沟坑内，即可用抄网捕捞。

4. 笼捕

捕捞泥鳅较为有效的方法是用须笼或黄鳝笼捕捞。须笼是一种专门用来捕捞泥鳅的工具，它与黄鳝笼很相似，是用竹篾编成的，长30 cm左右，直径约10 cm。一端为锥形的漏斗部，占全长的1/3，漏斗部的口径2~3 cm。须笼的里面用聚乙烯布做成同样形状的袋子，袋口有带子。黄鳝笼里边则无聚乙烯布。

笼捕在泥鳅入冬休眠以外的季节均可作业，但以水温在18~30℃

时，捕捞效果较好。捕泥鳅时，先在须笼、黄鳝笼中放上可口香味的鱼粉团，炒米粉糠、麦麸等做成的饵料团，或者是煮熟的鱼、肉骨头等，将笼放入池底，待 1 h 后，拉笼收获一次。拉须笼时，要先收拢袋口，以免泥鳅逃跑，后解开袋子的尾部，倒泥鳅于容器中。在作业前停食一天，且在晚上捕捞，效果更好。每公顷池塘放 150~300 只须笼或黄鳝笼，连捕数个晚上，起捕率可达60%~80%。

另外，也可利用泥鳅的溯水习性，用须笼、黄鳝笼冲水捕捞泥鳅。捕捞时，笼内无须放诱饵，将笼敷设在进水口处，笼口顺水流方向，泥鳅溯水时就会游入笼内而被捕获。一般 0.5~1.0 h 收获一次，取出泥鳅，重新布笼。

5. 敷网捕

敷网捕捞泥鳅有两种方法。

（1）罾捕泥鳅   罾捕泥鳅一般在泥鳅活动、摄食良好的季节里进行。罾方形，用聚乙烯网片做成，网目大小 1 cm 左右，捕捞泥鳅苗，则用聚乙烯网布，网片面积 1~4 m²，四角用弯曲成弓形的两根竹竿十字撑开，交叉处用绳子和竹竿固定，用以作业时提起网具。罾捕养殖泥鳅有两种作业方式。一种是罾诱，预先在罾网中放上诱饵，将罾放入养殖水域中，每公顷放 150 只左右，放罾后，每隔 0.5~1.0 h，迅速提起罾一次，收获泥鳅，捕捞效果较好。另一种方法是冲水罾捕，在靠近进水口的地方敷设好罾，罾的大小可依据进水口的大小而定，为进水口宽度的 3~5 倍。然后从进水口放水，以微流水刺激，泥鳅就会逐渐聚集到进水口附近，待一定时间后，即将罾迅速提起而捕获泥鳅。

（2）敷网食场捕泥鳅   在泥鳅摄食旺盛季节捕捞养殖泥鳅，可用敷网在食场处捕泥鳅，敷网大小为食场面积的 3~5 倍。作业时要先拆除食台以及食场底部的木桩，然后敷设好敷网，并在网片的中央，即原食场处，投饲引诱泥鳅进网摄食，待绝大多数泥鳅入网后，突然提起网具而捕获泥鳅。这种捕捞方法简便，起捕率高。

6. 张网捕

张网捕捞养殖泥鳅有两种方法。

（1）笼式小张网捕捞泥鳅 该网一般呈长方形，在一端或两端装有倒须（或漏斗状网片装置），用聚乙烯网布做成，四边用铁丝等固定成形，宽 40～50 cm，高 30～50 cm，长 1～2 m，两端呈漏斗形，口用竹圈或铁丝固定成扁圆形，口径约 10 cm。作业时，在笼式小张网内放蚌、螺肉，或煮熟的米糠、麦麸等做成的硬粉团，将网具放入池中，1 hm² 大小的池塘放 60～120 只网，隔 1～2 h，收获一次，连续作业数天，起捕率可达 60%～80%。捕捞前若能停食一天，并在晚上诱捕作业，则效果更好。

笼式小张网也可进行冲水捕捞。将网具放在进水口处，进水时水流冲击，在网具周围形成水流，泥鳅即溯水进入网内而被捕获。

（2）套张网捕捞泥鳅 在有闸门的池塘可用套张网捕捞养殖泥鳅，网具方锥形，由网身和网囊两部分组成，多数用聚乙烯线编织而成，网囊网目大小在 1 cm 左右，网口大小随闸门大小而定，网长则为网口径的 3～5 倍。套张网作业应在泥鳅入冬休眠以前，而以泥鳅摄食旺盛时最好。作业时，将套张网固定在闸孔的凹槽处，开闸放水。若池水能一次排干，起捕率较高。若池水排不干，起捕率低些，可以再注入水淹没池底，然后停止进水，再开闸放水，每次放水后提起网囊取出泥鳅，重复数次，起捕率可达 50%～80%。如是在夜间作业，捕捞效果更高。

7. 池塘拉网捕

在仲春后直到中秋的泥鳅摄食旺盛季节，可用池塘拉网方式捕捞鳅苗、鳅种，或用专门编织起来的拉网扦捕池塘养殖泥鳅。作业时，先清除水中的障碍物，尤其是专门设置的食场木桩等，然后将鱼粉或炒米糠、麦麸等香味浓厚的饵料做成团状的硬性饵料，放入食场作为诱饵，等泥鳅上食场摄食时，下网快速扦捕泥鳅，起捕率更高。

8. 袋捕

此法是根据泥鳅喜欢寻觅水草、树根等隐蔽物栖息、觅食的习性，用麻袋、聚乙烯布袋，内放破网片、树叶、水草和诱饵等，放在水中诱泥鳅入内，定时提起袋子捕获泥鳅。此法多用在稻田内捕捉泥鳅。

选择晴朗天气，先将稻田中鳅沟中的水慢慢放完，待傍晚时再将水缓缓注回鳅沟，同时将捕鳅袋放入鳅沟中。袋内放些树叶、水草等，使其鼓起，并放入饵料。饵料由炒熟的米糠、麦麸、蚕蛹粉、鱼粉等与等量的泥土或腐殖土混合后做成粉团并晾干，也可用聚乙烯网布包裹饵料。作业时，把饵料包或面团放入袋内，泥鳅到袋内觅食，就能捕捉到。这种方法在4—5月作业，以白天为好。八月后入冬前捕捞，应在夜晚放袋，翌日清晨太阳尚未升起之前取出，效果较佳。如无麻袋，也可把草席剪成60 cm长，30 cm宽，将饵料团或包置于草席上，并把草席两端扎紧，中间轻轻围起，然后放入稻田中，上部稍露出水面，再铺放些杂草等物，泥鳅会到草席内摄食，同样也能捕到大量泥鳅。

9. 药物驱捕

稻田养殖的泥鳅可用药物驱捕。药物一般使用茶粕（即茶叶榨取茶油后的残存物），用量是每公顷稻田75~90 kg。先将茶粕置柴火中烘烤3~5 min后取出，趁热碾成粉末，再用水浸泡3~5 h后即可使用。将稻田内水降至3 cm左右，然后在稻田的四角设置由淤泥堆聚而成，巢面逐步倾斜并高于水面3~8 cm的鳅巢。鳅巢大小视泥鳅的多少而定，巢面宽30~50 cm。施药宜在傍晚进行，施药时须均匀地将药液泼洒在稻田里，但鳅巢巢面部分不施药，施药后第二天早晨，将鳅巢内的水排完，即可捕捉泥鳅。排水口有鳅坑的稻田，可不用做鳅巢，直接于傍晚自进水口向排水口逐步均匀泼洒药液，在排水口鳅坑附近不施药，这样能将泥鳅驱赶到不施药的鳅坑内，第二天早晨用抄网在鳅坑中捕捞泥鳅。达到商品规格的泥鳅可上市出售，规格较小的泥鳅，可移到他处暂养，待稻田中的药效消失后（7 d 左右）再将泥鳅放回该稻田饲养。

此法需要注意，药物必须随用随配，药物浓度要严格控制，泼洒药物一定要做到均匀。鳅巢巢面应高于水面，其他地方不能再有高于水面的任何堆积物。

10. 干塘捕捉

指池塘排干水捕捉泥鳅，一般在泥鳅摄食量较少，而未钻泥过冬时的秋天进行。或者是用上述几种方法捕捞养殖泥鳅还有留余时，则只好干塘捕捉泥鳅。方法是先将池水排干，然后根据成鳅池的大小，在池底开挖数条宽 40 cm，深 25～30 cm 的排水沟，在排水沟附近挖坑，使池底泥面无水，沟、坑内积水，泥鳅会聚集到沟坑内，即可用抄网捕捞。若池大未捕尽，可进水淹没池底数小时，然后慢慢放水只剩沟坑内水，继续用抄网捕捞。若池中还有泥鳅钻到泥中未捕到，则再进水淹没池底过夜，第二天太阳未出之前慢慢放水，再重复捕一次，基本捕尽池中的泥鳅。

稻田排干水捕捉泥鳅，一般在深秋水稻熟时，或收割后进行。稻田内的水，可分两次缓慢排干。第一次排水让稻田表面露出，泥鳅则会游到鳅沟内栖息。第二次排水在第一次排水后 1～2 d 进行，主要排放鳅沟中的水。当泥鳅集中在鳅沟时，先用抄网将其捕起，再用铁丝制成的抄网连泥一并捞起，挑出泥鳅放入容器，最后还可以用手配合翻泥捕尽稻田中的泥鳅。干塘捕捉若还有少量泥鳅残留，可根据泥鳅钻泥所留的洞，翻泥掘土将泥鳅捕获。

三、起捕技术

1. 拉网操作技术

（1）泥鳅专用拉网的制作要求　拉网长度是池塘宽度的 1.4 倍，高度为水深的 3～4 倍，网目大小根据泥鳅的规格而定，以池塘中最小的泥鳅不能通过为准，一般直径 1.0～1.5 cm。网片裁剪好要装上、下、内、外缘钢绳以及浮子、沉子，要求沉子多装一些。在泥鳅拉网的中间部位开一个口，装上一个长度 3～5 m 的网袋，拉网时把网袋的末段用绳子系紧。还可以在袋口的前端装一个倒须，让泥鳅有来无回。

（2）操作过程　拉网时 2 人下池分别在网的两端用脚踩钢绳，在网的两端若干人员用力向前拉，拉到池塘的另一端中间后，迅速收网，把泥鳅集中在拉网的网袋里，从网袋开口处直接收集泥鳅。

2. 地笼网操作技术

地笼网作业时间一般在夜间，方便易行，在气温 35 ℃的高温季节傍晚时泥鳅活动频繁，为主要捕捞时间。地笼网放在泥鳅集中的地方，可以不放诱饵。网具两端的集鳅网袋要吊出水面挂在竹竿上或木棍上，这样便于观察泥鳅的捕获情况，随时进行调整。用流水刺激法可加快泥鳅的捕捞速度。使用一端带有网袋的地笼在池塘作业时，要把带有集鳅网袋的一端布置在池塘的边上，其另一端布置池塘的中间，沿着池塘的两个长边布置两排地笼，起捕时只需要沿池塘边进行即可，操作方便，但地笼之间不留缝隙摆放。

四、不同养殖方式泥鳅的捕捞

1. 池塘养殖泥鳅的捕捞

池塘因面积大、水深，相对稻田捕捞难度大。但池塘捕捞不受农作物的限制，可根据需要随时捕捞上市，比稻田方便。池塘泥鳅捕捞主要有以下几种方法。

（1）食饵诱捕法　可用麻袋装入炒香的米糠、蚕蛹粉与腐殖土混合做成的面团，敞开袋口，傍晚时沉入池底即可。一般选择在阴天或下雨前的傍晚下袋，这样经过一夜时间，袋内会钻入大量泥鳅。诱捕受水温影响较大，一般水温在 25～27℃时泥鳅摄食旺盛，诱捕效果最好；当水温低于 15℃或高于 30℃时，泥鳅的活动减弱，摄食减少，诱捕效果较差。也可用大口容器（罐、坛、脸盆等）改制成诱捕工具。

（2）冲水捕捞法　在靠近进水口处铺设好网具，网具长度可依据进水口的大小而定，一般为进水口宽度的 3～4 倍，网目直径为

1.5～2.0 cm，4个网角结扎，以便起捕。网具张好后向进水口充注新水，给泥鳅以微流水的刺激，泥鳅喜溯水会逐渐聚集在进水口附近，待泥鳅聚拢到一定程度时，即可提网捕捞。同时，可在排水口处张网或设置鳅笼，捕获顺水逃逸的泥鳅。

（3）排水捕捞法　食饵诱捕、冲水捕捞一般适合水温在20 ℃以上采用。当水温偏低时，泥鳅活动减弱，食欲下降，甚至钻入泥中，这时只能采取排干池水捕捞。操作方法是先将池水排干，同时把池底划分成若干小块，中间挖纵、横排水沟若干条。沟宽40 cm、深30 cm左右，让泥鳅集中到排水沟内，这时可用手抄网捕捞。当水温低于10 ℃或高于30 ℃时，泥鳅会钻入泥中越冬或避暑，只有采取挖泥捕捞。因此，排水捕捞法一般在深秋、冬季或水温在10～20 ℃时采用。

此外，如遇急需且水温较高时，可采用香饵诱捕的方法，即把预先炒制好的香饵撒在池中捕捞处，待30 min左右用网捕捞。

2. 池塘养殖泥鳅冬季捕捞技术

通常泥鳅都在秋季大批量上市，但此时其售价并不高，而春节前后上市，售价则能提高20%～50%。泥鳅有冬眠的习性，要实现冬天顺利捕捞泥鳅并且不使其患病绝非易事。

（1）引地下井水，唤醒泥鳅　冬眠的泥鳅对周围温度的变化很敏感，只要水温升高到5 ℃左右，就会立刻醒过来。通常地下井水受气温影响很小，常年都保持在13 ℃左右，所以只要比例合适，即可用井水唤醒泥鳅。捕捞泥鳅的时候，根据当地地下井水的温度，将1/3～1/2的池水换成井水，使养殖池的水温升高到5 ℃以上，泥鳅就会醒来并浮出水面唤气，此时即可捕捞。

（2）修建水渠，避免感染　修建一条坡度约为1∶100的阶梯状水渠，通过水流的过程将抽出的井水进行沉淀。同时，用80目网罩住进水口，可使井水中的细沙和其他杂质沉淀干净。在换水的过程中，还要对水渠中沉淀下来的泥沙不定期清理。此时，将井水放进养殖池，方可有效避免泥鳅因受井水中混杂的细沙等杂质擦伤而感染水霉病导致死亡。

（3）挖掘小池塘，提高水温　池塘的水温随水深的增加而增加，所以增加池塘水体深度是提高水温的另一有效手段。但是，水体深度增加，又会导致成本大幅增加。而在池塘中挖掘一个 6.0 m × 5.0 m × 0.5 m 的小池塘，可有效增加池塘水体深度，提高水体温度，并降低换水成本。由于小池塘水温升高，大部分泥鳅会主动选择在小池塘内冬眠，捕捞时，小部分未在小池塘内冬眠的泥鳅也会随井水水流汇集到小池塘中，方便捕捞。

（4）及时凿冰，保证溶解氧　泥鳅平时的呼吸方式比较多，既能用鳃呼吸，还能用肠呼吸。但冬眠时，泥鳅便钻入泥土中，全靠肠呼吸维持生命。此时，因养殖密度原因，一旦水面结冰，池水里的溶解氧含量降低，泥鳅就有可能因为缺氧窒息而死。所以，一旦发现水面开始结冰，就要及时地凿冰，保证池中溶解氧含量。方法为沿池塘四周每隔 10 m 凿一个冰窟窿。

3. 稻田养殖泥鳅的捕捞

稻田养殖的泥鳅，一般在水稻即将黄熟之时捕捞，也可以在水稻收割之后进行。捕捞方法一般有以下 5 种。

（1）笼捕法　将地笼或黄鳝笼放在暂养坑或环沟中，捕捞效率很高。此法对于捕捞台湾泥鳅尤其方便。

（2）网捕法　在稻谷收割之前，先用三角网设置在稻田排水口，然后排放田水，泥鳅随水而下时被捕获。此法一次难以捕尽，可重新灌水，反复捕捞。

（3）排干田水捕捞法　在深秋稻谷收割之后，把稻田、鳅沟疏通，将田水排干，使泥鳅随水流入沟中，先用抄网抄捕，然后用铁丝制成的网具连淤泥一并捞起，除掉淤泥，留下泥鳅。天气炎热时可在早、晚进行。田中泥土内会剩部分泥鳅，长江以北地区要设法捕尽，可采用翻耕、用水翻挖或结合犁田进行捕捞。

（4）香饵诱捕法　在稻谷收割前后均可进行。晴天傍晚时将水缓缓注入沟坑中，使泥鳅集中到鳅沟，然后将预先炒制好的香饵放入广口麻袋，沉入鳅沟坑诱捕。此方法在 5—7 月以白天下袋较好，若在 8 月以后则应在傍晚下袋，翌日日出前取出效果较好。放袋前一天停食，可提高捕捞效果。

（5）药物驱捕法 通常使用的药物为茶粕（亦称茶枯、茶饼，是榨油后的残留物，存放时间不超过 2 年），用量及驱捕方法见前文。此法简便易行，捕捉速度快，成本低，效率高，且无污染（须控制用药量）。在水温 10 ~ 25℃时，起捕率可达 90% 以上，并且可捕大留小，均衡上市。但操作时应注意以下事项：首先是用茶粕配制的药液要随配随用；其次是用量必须严格控制，施药一定要均匀地全田泼洒（鳅巢除外）；此外鳅巢巢面必须高于水面，并且不能再有高出水面的草、泥堆物。此法捕捞泥鳅最好在收割水稻之后，且稻田中无鳅坑。若稻田中有鳅坑，则可不在鳅坑中施药，但要用木板将坑围住，以防泥鳅进入。

第二节 泥 鳅 运 输

运输泥鳅的方法，常用的有干法运输、带水运输和降温运输三种。这三种方法适用时间、运输的数量、距离及成本都不同，各有优缺点，可以根据实际情况灵活选择。

一、干法运输

干法运输一般多用于气温 25℃左右的早春和晚秋，运输时间一般不要超过 3 h。如果时间稍长，运输中途要适当淋水，保持泥鳅体表的湿润。少量泥鳅运输可采用光滑的泡沫箱，并在箱内放入蓬松的淋湿水草，把泥鳅均匀撒放在水草中间。然后将数个箱子叠放在一起，绑结实，即可起运。如果运输泥鳅数量较多，采用干法运输时须注意以下 3 点：一是运输前需要将泥鳅用清水冲洗干净；二是泥鳅装箱后须撇去表面的泡沫，滴入几滴食用油；三是每箱泥鳅不要堆得太厚，以利于泥鳅用肠呼吸。

二、带水运输

水温为 25 ℃以上，运输时间为 5 ~ 10 h 时，需要带水运输。其运输工具同其他鱼类苗种运输工具相同。投放泥鳅密度为 1 ~ 1.2 kg/L。还可用塑料袋充氧运输，运输用的塑料袋规格为 60 cm × 120 cm，双层，每袋装 1/3 ~ 1/2 清水，放 8 ~ 10 kg 成鳅，装好后充足氧气，扎紧袋口，再放入硬质纸箱内即可起运。

三、降温运输

利用冷藏车或冰块降温，将鲜活泥鳅置于 5 ℃左右的低温环境内运送，在运输中加载适量冰块，慢慢融化、降温，可保持泥鳅在运输途中的半休眠状态。一般采用冷藏车控温，可长距离安全运输 20 h。一般 6 kg 水可装 8 kg 鳅，运输时冰块放在网兜内，并将其吊在容器上，使冰水慢慢地滴入容器内，达到降温目的，这种降温运输方式，成活率较高，鳅体也不易受伤。

总体来讲，运输泥鳅通常要注意以下几个方面的问题。

（1）运输前必须对泥鳅进行暂养，以排除其体内的粪便和污物。暂养 3 ~ 5 d 即可，其间不投饵。

（2）运输用水一定要清洁，水温和泥鳅暂养池的水温要一致，最大温差不能超过 3 ℃。为了提高运输成活率，可用小塑料袋包些碎冰块放入运鳅水中。也可在起运前将装好泥鳅、充满气的塑料袋，先放入冷水中 10 ~ 20 min，以降低水温。

（3）如果用鳅笼等敞口容器运输泥鳅，时间长则要换水。每次换水为总水量的 1/3，并注意使水的温差保持在 3 ℃左右。换水时用胶皮管吸出底部的脏水后，再兑入新水。若温差较大，可使新水缓慢地淋入容器内。

（4）在运输途中停车时，不要关闭发动机，使车体保持震动，有利于增加水中的溶解氧。

第七章

稻鳅综合种养实例

中国的稻田养鱼有着悠久的历史，近年来种养模式和技术均有所创新和突破，陆续涌现出稻鳅、稻鳅蛙、稻鳅虾、莲鳅、茭鳅等各类综合种养模式，均取得了较好的经济效益和生态效益。这些综合种养模式因地制宜、经济高效，作为绿色生态农业的组成部分，既能合理利用有限的土地资源，降低养殖成本，又能维护生态平衡，实现一田多收，提高了农产品的质量和稻田的综合利用率，是能够满足人民对优质农产品的消费需求、能够促进农民增产增收的可持续农业生产模式，具有良好的发展前景。现将典型的综合种养实例介绍如下，供广大从业者参考借鉴。

第一节 稻鳅共作综合种养实例与技术点睛

一、稻鳅共作综合种养实例

1. 实例介绍

峡江县地处江西省中部，属亚热带季风性湿润气候，雨量充沛，光照充足，四季分明，无霜期长。地形以丘陵为主，兼有低山，峡江县富源农业发展公司开展了稻鳅综合种养，获得了水稻和泥鳅的双丰收，经济效益较好。

种养稻田位于山脚下，临近水渠，水源充足，依据地势划分 0.13 hm² 为一个种养单元（图7-1）。田间工程常规改造后依次清田消毒、施入基肥。泥鳅品种选择体型大、周期短、易捕捞的台湾泥鳅；水稻品种为生长快、分蘖力强、茎叶粗壮、抗倒伏能力强、抗病力强、米质优的'米香占'。5
月底人工孵化台湾泥鳅,在育苗
池进行鳅苗培育,6月初水稻栽
插,株间距适当宽松,每平方米
约15丛苗,保证良好的稻株间透
气性能(图7-2)。7月中旬从育
苗池起捕鳅苗到稻田环沟中,投
放密度约22.5万尾/hm²(图7-3)。

图7-1　开挖环沟和侧栏

　　整个生产过程严格按照绿色
生产规程操作,至10月下旬结
束一个生产周期,收获台湾泥鳅
5 410.5 kg/hm²,平均规格20.3 g/尾;
按实际种植水稻面积测算,收获'米香占'水稻8 209.5 kg/hm²。按
水稻和泥鳅的产量及销售价格计算,稻鳅综合种养稻田每公顷产值
152 760元,扣除种子、苗种、饵料、人工等生产成本58 545元,
效益为94 215元,是种植单季水稻的6.9倍。

图7-2　水稻栽插

　2. 技术点睛

　　(1)坚持种植为主,养殖为辅的原则　在不影响水稻产量的前
提下养殖泥鳅达到增产增收的目的,杜绝"重养轻稻"的现象。

　　(2)水稻、泥鳅和谐共生　泥鳅养殖周期短,当年投放即可当年收益，且与水稻的生长周期相似，茬口安排互不影响，匹配性佳。稻田中有丰富的天然饵料供泥鳅食用，泥鳅在稻田中可疏松田泥、捕食害虫，既有利于水稻生长，又可以减少农药、化肥的使用量，提高粮食品质，达到了协同增效的作用。

图 7-3　鳅苗投放

（3）病害防控　水稻分蘖期控制氮肥用量、增施钾肥，提高水稻的抗病虫力，另外采用性诱剂诱杀二化螟技术，在田中挂放诱捕器，慎用化学防治，对未达到防治指标的病虫害不使用化学药物。对于泥鳅的病虫害主要是以预防为主，坚持绿色健康养殖，在饵料中可拌入中草药三黄粉和复合维生素，增加泥鳅免疫力。通过综合调控，在整个种养殖过程中未发现明显病虫害。

（4）合理灌溉　综合种养期间采取浅灌和晒田相结合方法，在水稻生长前期进行浅灌，在鳅苗下田前保持浅水位，这样有利于稻苗分蘖。鳅苗下田后应提高水位，特别是在扬花叶穗期，水稻对水需求大，这样同泥鳅逐渐长大需要更深的水位相一致，日常保持稻田水位在 10～20 cm；晒田对水稻生产是一项增产措施，其目的一是使禾苗粗壮，根系发达；二是控制分蘖。晒田方法是先排出田水，让泥鳅进入鳅沟中，水降低至田面露出即可，在鳅苗进入稻田前先晒一次田。

二、稻蛙鳅共作综合种养实例

1. 实例介绍

稻蛙鳅共作综合种养是对稻田生态系统的结构和功能进行改造，将水稻种植和蛙、泥鳅养殖有机结合，构建稻渔共生互促系统，达到互利共生、资源循环利用的立体生态生产模式。江西省丰城市白土镇的稻蛙鳅共作基地经过三年的探索改进，已经形成技术成熟的种养模式。

稻蛙鳅共作综合种养宜选择水源充足、水质清新、无污染的平坦地块，根据地形以 $0.13 \sim 0.20$ hm^2 为一个种养单元。种养单元外圈为 1.5 m 宽的蛙活动区，蛙活动区内侧开挖环沟，沟宽 0.8 m，深 0.6 m，环沟的面积不超过稻田面积的 10%，最内侧场地为水稻种植区（图 7–4）。稻种选用生长快、米质优、抗病力强的中稻‘米香占 2 号’；蛙品种选择捕虫量大的"农田卫士"黑斑蛙（俗称青蛙）；泥鳅品种选择生长快、易捕捞的台湾泥鳅，鳅苗为自繁自育。

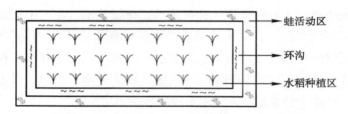

图 7–4　稻蛙鳅共作综合种养单元平面示意图

3 月中旬时，使用生石灰 450 kg/hm^2 化水后全单元泼洒，尤其是环沟内需要泼洒消毒。消毒后曝晒 3 d，然后注入新水。4 月天气晴朗时，采集蛙受精卵卵块，采用地膜小池的方式孵化，将出膜 15 d 左右的蝌蚪转移至稻蛙鳅共作综合种养单元的环沟中，蝌蚪投放密度为 150 万尾 /hm^2。5 月底幼蛙全部上岸后，选择规格相似、体质健康、体表无伤的台湾泥鳅苗，经 50 g/L NaCl 溶液浸浴 10 min 后，按照 18 万尾 /hm^2 的密度投放到环沟中。5 月初，进行水稻播种，用种量为 15 kg/hm^2，5 月下旬人工插秧移栽，移栽株间距控制在 20 ~ 30 cm，保证水稻株间通风性，为泥鳅提供良好的高溶解氧环境，也有利于蛙捕食水稻害虫（图 7–5）。

每日巡塘查看水稻生长、蛙和泥鳅活动与摄食情况，蛙前期投喂蛋黄、豆浆或粉料化水泼洒，幼蛙开始上岸时在蛙活动区放置饵料投喂筐驯食。驯食成功后在蛙活动区设置食台定时投喂人工配合饵料，日投饵量控制在蛙重的 1%～3%，根据蛙摄食、稻田害虫量和天气情况可酌量增减。水质调控采取浅灌和晒田相结合的方法，保持微流水，根据稻田需

图 7-5 蛙摄食饵料

要和水质的优劣灵活调控换水量和水位，以增加水稻分蘖。

8 月中旬蛙、泥鳅采用照捕法和地笼网捕捞方式分批陆续捕完，简单易行且对个体伤害较小（图 7-6）。11 月初，水稻收割。平均收获泥鳅 1 500 kg/hm²，收获黑斑蛙 3 750 kg/hm²，收获稻谷平均 6 193 kg/hm²，按照 70% 的出米率，'米香占 2 号'稻米平均产量 4 335 kg/hm²。水稻、黑斑蛙、泥鳅合计产值为 251 700 元/hm²，具体如表 7-1 所示。生产成本包括田租、田间工程施工费、水产品、苗种、稻种、人工费、饵料费等七项，共计 130 650 元/hm²。产值扣除成本，利润 121 050 元/hm²，投入与产出比 1：1.93，投资收益率 92.7%。

图 7-6 蛙（左）、泥鳅（右）的捕捞

表 7-1   种养殖产量及产值

种类	规格 / (尾·kg⁻¹)	产量 / (kg·hm⁻²)	单价 / (元·kg⁻¹)	产值 / (元·hm⁻²)
泥鳅	80 ~ 120	1 500	30	45 000
黑斑蛙	26 ~ 28	3 750	32	120 000
水稻	–	4 335	20	86 700
合计				251 700

2. 技术点睛

（1）放养时间的统筹安排   此法可解决蛙和泥鳅相互捕食的矛盾。若泥鳅苗种投放过早会造成蝌蚪捕食鳅苗，蝌蚪转成幼蛙后开始陆续上岸，选择良好的天气适时放入 5 cm 左右的鳅苗。此时泥鳅有足够的空间活动觅食，成活率较高。同时要注意黑斑蛙、泥鳅需要分别一次性放入，蛙也有大蛙捕食小蛙的习性，所以投放规格要保持一致。

（2）低密度种养，降低病害发生率   相较于单一的稻蛙或稻鳅种养，该模式蛙和泥鳅的放养密度大大降低，增加了个体的活动空间，改善了生长环境，降低了常见疾病（歪头病、肠炎、气泡病等）的发病率，有效减小了养殖风险。

（3）降低成本，错峰上市，增加收益   该模式泥鳅不投喂饵料，以环沟内蛙残饵和稻田中的天然饵料为食，提高了饵料利用率，降低了养殖成本。黑斑蛙、泥鳅 8 月即可捕捞，与常规养殖模式错峰上市，销售价格较高。养殖周期短，销售单价高，提高了养殖效益。

三、水蚯蚓 + 稻鳅共作综合种养实例

1. 实例介绍

颖兴种养殖有限公司坐落在江西省乐平市涌山镇，种养基地是从山腰绵延到山脚的一块狭长形地域，不远处有一个生猪养殖场。

基地因地制宜，充分利用、合理开发资源，首创了水蚯蚓＋稻鳅的综合种养模式（图7-7）。水蚯蚓含有丰富的蛋白质，是多种水产动物的良好饵料来源（图7-8）。利用猪粪渣和发酵后的污水养殖水蚯蚓，再将水蚯蚓作为泥鳅的饵料进行投喂，既可以有效生态消纳生猪养殖产生的排泄物，又可以解决稻田泥鳅的饵料，生态环保。

图7-7　水蚯蚓＋稻鳅共作综合
种养基地实景

图7-8　水蚯蚓培育池

　　将生猪养殖产生的排泄物经干湿分离得到猪粪渣和污水，污水须发酵后方可使用。养殖水蚯蚓时，每月投放猪粪渣1次、污水8次，具体投喂量根据培育池中剩余饵料和水蚯蚓数量适度调整。水蚯蚓每周收取2次。泥鳅投放密度为18万尾/hm²，水蚯蚓团采集后，经过多次过滤、消毒、清洗，作为饵料代替人工饵料投喂泥鳅。

　　2. 技术点睛

　　（1）生态环保　该模式通过水蚯蚓养殖，将生猪养殖和水产养殖有效结合，既消纳猪粪解决了猪场排泄物的利用难题，又产生了水蚯蚓，给泥鳅提供了丰富的生物饵料，节约了人工配合饵料，节能高效。

　　（2）重金属含量检测　生猪饵料中会添加适量的铜、锌等重金属以及钾、磷等营养元素，用以提高其生产性能，但过量会导致重金属中毒。在种养过程中，定期检测水蚯蚓和水稻中的铜、锌、铅、镉等重金属含量和土壤中的氮、磷、钾等营养元素。以上各项指标均符合国家标准中的规定含量。对泥鳅肌肉进行铜、锌、镉、铅、砷等微量元素检测，含量均低于食品安全国家标准，对孔雀石绿、呋喃唑酮、诺氟沙星等 10 项抗生素检测，均未检出。

四、梯田稻鳅共作综合种养实例

1. 实例介绍

云南省红河哈尼族彝族自治州的哈尼梯田是以哈尼族为主的各族人民利用特殊地理气候同垦共创的梯田农耕文明奇观（图 7-9）。红河哈尼族彝族自治州自然资源丰富、生态环境优美，但是水利设施不完善，农业生产基础薄弱。梯田的主要农作物品种为水稻，每公顷收入仅 12 000 元左右。由于劳动强度大，单位收益低，越来越多的梯田被弃耕、撂荒。为了摆脱这一困境，在政府的帮扶和科技人员的指导下，采取"政府 + 企业 + 科研院所 + 农户"的基本架构，云南中海渔业有限公司作为企业主体，带领农户因地制宜开展了梯田稻鳅共作综合种养，既保护了梯田的生态环境，又推动了区域农业经济发展。

哈尼梯田依山而建，面积大小不等，从山顶到山脚依次逐级向下呈梯状排列，且田块间建有田埂蓄水。因此稻田养鳅的田间工程比较简单，首先是开挖鳅沟，沟深 30～50 cm，根据每块梯田的形状和面积来确定鳅沟的构型和大小，控制鳅沟的面积占稻田总面积

图 7-9　哈尼梯田原貌

的 10% 以内。将挖沟的泥土用来加高、加固田埂，使田埂高出稻田 40 cm 左右。最后仔细检修进排水口，统一放置防逃网。

哈尼梯田在水稻插秧长满之后开始投放泥鳅，放养密度约 15 万尾 /hm²，利用水稻的遮挡，防治鸟类的摄食。稻田泥鳅一般在 5 月初投放，9 月捕捞。在元阳县等地年均气温较高的地方，水稻收割后还可以投放第二茬泥鳅，春节前后捕捞。每茬泥鳅可收获 1 500 kg/hm²，泥鳅最高收益可达 45 000 元 /hm²，是当地乡村振兴的有效途径。

2. 技术点睛

（1）因地制宜，模式新颖　哈尼梯田面积大小不一、形状各异且水位较浅，适合泥鳅的习性。泥鳅是小型鱼类，不需要水很深，同时泥鳅属于杂食性动物，可以捕食稻田水中的浮游生物，相得益彰。

（2）市场需求，提高收益　当地有将泥鳅作为火锅食材的饮食风俗，泥鳅在市场上需求大且价格较高，稻田套养的泥鳅品质好、肉质佳、健康无污染，很受人们欢迎，商品鳅无销售难题且价格较高。稻鳅综合种养也改变了当地梯田只种一季水稻、收入较低的传统模式，增加了梯田的收益。

（3）可持续发展，保护环境　传统梯田种植水稻劳动强度大、收益低，导致水田被改成旱田或直接撂荒，原本的梯田失去水的滋润养护，土层风化，在暴雨天气时容易水土流失，引起塌方等严重事故，会影响到整个梯田、水系、村寨的农业生态系统。稻鳅综合种养增加了收益，撂荒的梯田被重新利用，加高加固的田埂和堤埂，有效降低了梯田被暴雨冲刷的危险，减少了水土流失，从而有利于哈尼梯田的可持续发展和对环境的保护。

五、稻鳅虾共作（轮作）综合种养实例

1. 实例介绍

稻鳅虾综合种养模式是将稻鳅共作和稻虾轮作有机结合，上半

年养殖一茬小龙虾，下半年开始稻鳅共作。内蒙古呼和浩特市的稻鳅虾共作（轮作）综合种养基地每个种养单元面积 0.67~1.33 hm²，消毒施肥后，移栽伊乐藻至稻田中，伊乐藻耐寒不耐热，相较于其他水草，伊乐藻发芽早、生长快，很容易长满全池，生长旺盛时要及时刈割，以增强通风透光，促进水体流动。水草面积占水面面积的 50% 左右，中后期追施氨基酸肥料用以保证水草的营养需求，并培养天然饵料。3 月中旬投放健康的小龙虾苗 450~600 kg/hm²，平均投放规格 150 尾 /kg。小龙虾养殖到 4 月底，即开始用虾笼捕捉上市，采取捕大留小的方式陆续捕至 6 月初。小龙虾捕获完成后，6 月中旬再施入基肥，水稻品种选择中粳稻，一般 6 月中旬至 7 月初抛秧种植，10 月下旬左右即可收割（图 7-10）。抛秧后放养 3~5 cm 的鳅苗，投放密度为 15 万尾 /hm²。在养殖过程中定期用生石灰消毒杀菌，用杀虫灯诱杀、泥鳅捕食害虫。该模式平均每公顷稻米、小龙虾、泥鳅的总产值为 135 000 元，扣除稻种、田租、苗种、饵料等费用，每公顷生产成本 76 500 元，每公顷平均利润 58 500 元。

图 7-10   水稻收割

2. 技术点睛

将稻虾轮作和稻鳅共作有机结合，提高了经济效益，同时将降低了风险，单一作物的损失可以从其他收获物中收回成本，抗风险能力大大提高。

第二节　莲（茭）鳅共作综合种养实例

一、莲鳅共作综合种养实例

1. 实例介绍

大鳞副泥鳅的最适生长水温为 25～28℃，广西大部分地区夏季水温持续高于 30℃，水温过高阻碍了泥鳅的正常生长。为了解决水温过高对泥鳅的影响，广西壮族自治区北流市新圩镇养殖户开展了莲鳅共作综合种养，取得了良好的效果（图 7-11）。

图 7-11　莲鳅共作综合种养实景

莲塘以 0.13～0.33 hm² 为宜，池底须有一定深度的淤泥供莲藕生长。4 月下旬，全池泼洒生石灰消毒，使用量 1 050 kg/hm²。消毒后按照 3 750 kg/hm² 的用量均匀施入农家肥。一周后池底翻耕种植莲藕，每公顷使用莲藕约 3 000 kg，莲藕发芽后，芽尖向上埋入泥土中 10～20 cm，翌日加水 5～10 cm。6 月中旬池塘加水至 30 cm，一周后投放 5 cm 的鳅苗，投放密度 22.5 万尾 /hm²，鳅苗入池后逐步加水维持在 100 cm 左右。泥鳅每天投喂专用饵料 2 次，投喂量为泥鳅存塘总重的 3%，每月使用三黄粉和复合维生素拌饵投喂一个疗程，增强泥鳅体质，预防病害。泥鳅养殖 100 d 后，开始陆续捕捞上市。至 11 月下旬，干塘捕尽泥鳅然后收获莲藕。

　　莲塘均产商品鳅 19 680 kg/hm²，莲藕 16 110 kg/hm²，每公顷平均产值 552 780 元，生产成本包括租金、鳅种、莲种、饵料费、人工费等共计 418 470 元 /hm²，平均每公顷纯收入 134 310 元。

　　2. 技术点睛

　　（1）科学施肥　在种植前一次性施足基肥，鳅苗下塘后不再施肥，防止肥料影响水质和泥鳅的生长。期间泥鳅的粪便和残余饵料起肥料作用供莲藕生长。

　　（2）技术简单，种养融合　泥鳅食性杂、发病少、周期短，养殖难度小，无水产养殖经验的藕农也可以轻松地养出商品鳅。同时莲藕具有观赏性，接连成片的藕鳅养殖池会吸引人们前来观光旅游，具有良好的经济效益和生态效益。

二、茭鳅共作综合种养实例

　　1. 实例介绍

　　浙江省是我国茭白的优质产区，近年来该地区成功摸索出一套茭白和泥鳅共作的种养模式（图 7-12）。茭鳅共作的田块面积

图 7-12　茭白田泥鳅收获

以 0.07 ~ 0.20 hm² 为宜，田间改造后，2 月下旬将发酵后的有机肥以 7 500 kg/hm² 的用量均匀施于田块上，并深翻入土。3 月下旬按照行距 1.0 m、株距 0.6 m 栽插茭白苗，每公顷种植 9 000 ~ 12 000 株。种植前期，随着茭白的长高而逐渐加深，水位从 5 cm 逐步提升至 25 cm 左右，控制在茭白眼（茭白完全叶的叶鞘与叶片连接处有近三角形的小叶枕，茭农称之为茭白眼）以下。4 月中旬可追肥一次，每公顷施用复合肥 450 kg。5 月中下旬，将平均规格 5 cm 的鳅苗按照 15 万尾 /hm² 的密度放入茭白田。

泥鳅入田后一般不再施肥，如茭白生长确需施肥可降低水位使泥鳅游入环沟内再追肥一次，施肥后要重新加深水位。茭白整个生长周期既离不开水，水又不能太深。按照水位"浅 – 深 – 浅"的原则，在兼顾泥鳅生活习性的前提下，根据茭白的发育阶段及时调节。种养后期，要定期剥开茭白的枯叶黄叶，以减少病虫害的发生，同时增加茭田的通风和采光性。

茭鳅共作综合种养平均每公顷产出泥鳅 2 595 kg，茭白 11 625 kg，产值 175 605 元，除去生产成本 64 200 元，每公顷利润 111 405 元。

2. 技术点睛

（1）节地节水 茭白田中的水位不宜过高，符合泥鳅的生活习性。茭白田套养泥鳅是农业节地节水、协同增效的良好方式。

（2）协同增效 泥鳅养殖到中后期，随着残饵粪便的积累，会造成水体氨氮含量、亚硝酸盐含量和 pH 等指标的升高，茭白可以吸收多余的氮、磷等元素用于自身生长，有效地净化了水质，同时茭白为泥鳅遮阳，水温下降有助于泥鳅的快速生长，达到种养双丰收的效果。

第八章

稻鳅综合种养营销推广

第一节 稻鳅综合种养发展现状

农业农村部、生态环境部等十部委于 2019 年 2 月联合印发了《关于加快推进水产养殖业绿色发展的若干意见》，认为水产业未来的发展方向是绿色养殖，强调绿色养殖能有效降低天然水域水生生物资源的利用强度，保障生物多样性，在满足消费者对绿色产品需求的同时，协调水产养殖业与资源环境的关系，是水产业可持续发展的必备条件。作为一种创新的农业发展模式，稻渔综合种养模式结合了水稻种植技术和水产养殖技术的长处，不仅提高了稻田综合效益，增加了农民收入，更是一种典型的绿色养殖模式，具有稳粮促渔、生态环保、提质增效等功能。

近年来，全国多个地区发展了稻鳅综合种养模式，起到了稳粮增收的作用。据统计，2018 年我国有稻渔综合种养报告的省（自治区、直辖市）共 27 个，除港澳台地区外，北京、甘肃、西藏、青海 4 个省（自治区、直辖市）未见统计。全国（港澳台地区除外）稻渔综合种养面积发展到 2.13×10^6 hm²，其中当年投入生产的约有 2.03×10^6 hm²，生产面积同比增长 8.66%。2018 年，养殖面积前十的省依次为湖北、四川、湖南、江苏、安徽、贵州、云南、江西、辽宁、黑龙江（图 8-1）。其中湖北、四川、湖南、江苏、安徽、贵州、云南、江西 8 省稻渔综合种养面积超过 6.67×10^4 hm²。

2018 年全国（港澳台地区除外）稻渔综合种养水产品产量 2.3333×10^6 t，同比增长 19.81%。2018 年水产品产量前十的省依次为湖北、四川、湖南、江苏、安徽、浙江、江西、云南、辽宁、贵州（图8-2）。其中湖北、四川、湖南、江苏、安徽、浙江6个省稻渔综合种养水产品产量超过10^5 t。

2018年，稻鳅综合种养面积排名前5的省依次是四川、辽宁、

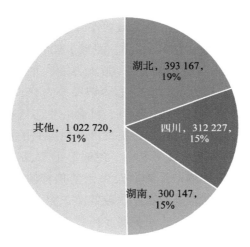

图8-1　2018年主要省份稻渔综合种养面积（hm^2）及占比

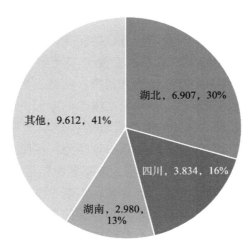

图8-2　2018年主要省份稻渔综合种养产量（×10^5 t）及占比

湖北、吉林、云南，5 省综合种养面积占全国稻鳅综合种养总面积的 85.57%；稻鳅综合种养水产品产量排名依次为四川、辽宁、云南、湖北、安徽，5 省产量占全国（港澳台地区除外）稻鳅综合种养水产品总产量的 89.89%。经济效益方面，以江西稻蛙鳅共作立体生态综合种养模式为例，稻蛙鳅共作综合种养基地生产优质稻米 4 335 kg/hm²、黑斑蛙 3 750 kg/hm²、泥鳅 1 500 kg/hm²，水稻、黑斑蛙和泥鳅 3 项的总产值达到 251 700 元 /hm²，平均利润为 121 050 元 /hm²，投入产出比为 1∶1.93，投资收益率为 92.7%。

　　稻鳅综合种养产业发展，经济、社会、生态效益显著，有利于稳定水稻生产，提高农民收入，是发展乡村振兴的重要抓手。稻鳅综合种养农产品一般采取"水稻＋泥鳅"的双品牌或母子品牌联合策略，稻鳅综合种养双品牌联合由于其独特的品牌间优势互补、资源共享等特点，成为提升农业比较效益、企业竞争优势的重要品牌战略，也是品牌兴渔、建立美丽乡村的有效途径，契合乡村振兴战略。

第二节　稻鳅综合种养开发模式与产品定位

　　随着农业发展模式以及增长方式的转变，农业企业以及种养殖户的定位也由单纯的生产者悄然变换为多元服务者。消费者满意度、品牌美誉度带来的产品溢价和销售，已经成为农产品销售的稳健支撑。在消费回归理性、竞争更加激烈的今天，产品定位再次成为企业的重中之重。做好稻渔综合种养生产农产品的营销推广工作，首先要坚持以优良的品质为第一竞争力，按照标准化的种养加工规程生产，形成完整的"水稻＋鱼虾蟹鳅"等产品体系，并与时俱进迭代更新，持续精准产品定位，不断丰富产品内涵，提升产品竞争优势，进而赢得客户、市场、行业的高度认可。产品的本质是硬件和软件的结合，稻渔综合种养生产农产品的营销推广在硬件（稻田生态环境）有竞争力的基础上，必须继续追求软件服务（绿色种养技术与精准高效营销）的竞争力。

一、稻鳅综合种养开发模式

稻鳅种养开发应当充分利用本地丰富的资源优势，以"调结构"为切入点，电商为先导，以"降成本"为着力点，主打"小规格"泥鳅，以"提质量"为关键点，主攻绿色食品；以"促融合"为增长点，推动稻鳅综合种养消费"美食化、娱乐化和休闲化"，引进和培育稻鳅综合种养产业龙头企业，打造现代渔业的新亮点。需要特别强调的是，电商不仅可以使稻鳅综合种养农户对接全国甚至全球市场，增加销售量，且能打破资源、地域的限制。稻鳅综合种养产业不同利益主体相互交织，相互作用，通过电子商务可以拓宽销售渠道、扩大销售规模、增加就业机会，或者分享溢出效应，以不同形式达到增收、提高盈利能力的目的，从而实现稻鳅综合种养产业持续健康发展。

稻鳅综合种养经营主体应当坚持以"种、养、加、游（体验）"为基础的现代生态农场发展思路，在打造品牌，注册商标的同时，对销售的农产品进行质量分级，结合生产实际，进行无公害农产品认证、绿色农产品认证和有机农产品认证。政府应当积极推动，引导相关龙头企业，担负起稻鳅综合种养产品供应链整合的重任，同时培育负责分装、仓储、营销和物流的公司，创立相应品牌，最终形成稻鳅综合种养产品的产业链。同时，自媒体时代，种养农户也大有可为，电商使稻鳅综合种养农户可以直接对接国内外大市场。通过提升农户触网能力，提高获取信息的能力，不断缩减中间商牟利空间，农户的定价地位上升，一定程度上可以改变以往企业与农户争利的局面。

稻鳅综合种养产业应当在发展优质高端农产品上下功夫，推动"三品一标"等绿色有机产品认证，大力推广绿色生态养殖模式提高产品质量；全力打造创新链、不断完善组织链、积极优化资金链、全面强化质量安全链、加强政府服务链，最终形成支撑稻鳅综合种养产业现代化的主体框架，大力扶持稻鳅综合种养精尖企业发展。着力将稻鳅综合种养打造成带动一方、致富农民的大产业，做足农文、农旅、农教、农养等产业结合文章，推动农业生产全环节升级、全链条升值。鼓励项目扶持的龙头企业采取合同订单、股份合作、保底收益、按股分红等方式，与农户建立以产业链为纽带的紧密型利益联结机制，让农民分享更多产业发展和产业融合收益。

稻鳅种养开发应该坚持以农户优势项目为主角，结合政府示范项目，以生态位理论为基础，构建稻鳅综合种养产业集群生态系统，减轻生态位重叠，鼓励创新，以技术联合实现提质增效，以品牌联盟拓展生态位宽度，并通过"大众创业、万众创新"，刺激新供给、创造新需求。例如，突出"国字号"农副产品的"稻鳅种养、绿色健康"的统一形象，以强势企业品牌为龙头引领相关产业发展，采取协同创新，共同发展，品牌联盟，渠道联合的方式实现资源共享，利润共分，做大做强稻鳅综合种养产业（图 8-3）。

二、稻鳅综合种养产品定位

如何进行符合稻鳅综合种养产业特色的产品定位？首先，要明确稻鳅综合种养哪些农产品适宜作为初级农产品，哪些适合进行深加工，可以深加工为哪些产品，以及这些产品哪些适合创建品牌。其次，就是对各级各类稻鳅综合种养产品的消费群体有一个明确的定位。构建"最佳、唯一"是将品牌植入消费者心智的最优路径，也就是我们通常所说的"一见钟情、初次体验"。尤其是农产品品牌，因为同类农产品的营养功能有可能是相同的，如何与其他生产模式的同类农产品有所区别，还能在第一时间吸引消费者，就需要对自身产品有清晰的产品定位。

1. 典型案例

2012 年，宁夏广银米业有限公司通过学习先进理念和技术，采取了加强农田基础建设、提高农业机械化使用率等措施，开始打造水稻立体生态种养示范区。在此基础上，2017 年广银米业有限公司

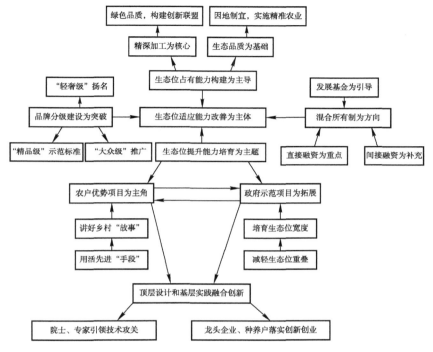

图 8-3　稻鳅综合种养开发模式

投资 800 多万元，推广应用旱育稀植和"稻渔共生"技术，在宁夏贺兰县常信乡四十里店村打造了宁夏稻渔空间生态休闲观光园，经济、社会、生态效益显著，取得巨大成功。

稻渔空间的稻田不仅种水稻，还能搞养殖。鱼、蟹、鸭、小龙虾和泥鳅每天在稻田里不停地游动，既松动了稻苗下方的泥土，帮助稻苗生长，也给稻苗生长提供了肥料，丰富了游客旅游的项目。在基础设施方面，园区依托 133 hm² 有机稻田建设生态休闲观光园，建设了观景塔、玻璃栈道、稻田画、科普教育长廊、农业物联网及产品质量追溯信息平台等，并先后举办了农耕文化插秧节、摄影大赛、秋季丰收节等休闲节庆活动，每年旅游观光人数达到 20 万人次，对当地"农业 + 旅游"经济发展起到了示范带动作用。其重点打造的"稻渔空间"大米，凸显"巍巍贺兰山下，悠悠黄河水旁，一片塞上江南"，成功地提升了产品本身的附加值，目前一些电商平台上"稻渔空间"的大米售价可高达 100 元 /kg 以上。

2. 案例分析

"稻渔空间"以现代农业建设为核心，成功破解人民日益增长的需求与优质农产品供给不充分之间的矛盾。通过实行"公司 + 合作社 + 基地 + 农户 + 服务"的生产经营模式，走产业化经营道路，融合发展有机水稻立体种养、大米加工生产、"互联网 + 农业"、电子商务、粮食银行、垂钓餐饮娱乐、现代休闲农业和农业社会化综合服务等，形成了种植、水产、加工、流通、电商、休闲农业、社会化服务等互相渗透、互相提升的一、二、三产业深度融合发展模式。其生产的稻渔农产品定位精准，通过将目标消费人群定位为中高收入群体，成功塑造了企业产品形象，打开了高端精品市场，提升了稻渔产品的价值，起到了助推稻渔产业发展、带动农民增收致富的双赢成效。

三、稻鳅综合种养产品营销策略

国家统计局 2020 年 1 月发布数据，2019 年我国国内生产总值（GDP）接近 100 万亿元人民币。按年平均汇率折算，人均 GDP 跨上一万美元台阶。从 2001 年人均 GDP 突破一千美元到 2019 年跃上一万美元，中国用了不到 20 年时间。跨越这一节点，意味着中国民众消费能力更强，一个潜力巨大的市场正在崛起。消费已成为中国经济增长的主要动力。消费基础表现在个人层面是越来越富有，在企业层面是越来越多元。同时，随着科技的发展，目前农产品的检测和分类很多已经自动化，根据不同的品质分级分等，无损检测，让农产品"论个卖，论条卖""优质优价、高质高价"真正成为可能。因此，稻鳅综合种养产品凭借其绿色、有机、生态、环保等众多优势，产品定位应该是中高端农产品，"泥鳅按条卖，稻米按碗卖"，开展差异化的市场营销，培育价值链高端的消费市场。为此，一方面稻渔农产品首先必须强化产品品质的管理，按照种养、加工标准化技术规程组织生产，确保产品的高品质；另一方面，可以应用现代科技确保产品生产过程的可追溯性，通过诸如"5G+VR"的传播优势，让农户不仅种得好，还能让消费者"全程可视化"，进一步增强消费者的信心，提升其消费动力，做大差异化的高端消费市场。

　　同时，随着我国经济的快速发展，消费者对自身健康的关注进一步强化，对食品品质的要求越来越高，消费需求不仅仅满足于营养、健康、可口等基本层面，对于食品的保健功能日趋重视。中医认为泥鳅是药食两用水产品，自古被人们誉为"水中人参"。现代科学研究发现泥鳅富含蛋白质和多种脂肪酸、维生素、微量元素等，具有很高的营养保健功能，尤其是近年来一些研究证实泥鳅活性物质具有明显的免疫调节和抗菌、抗病毒功效。目前，关于泥鳅活性物质的研究主要集中于泥鳅黏液、肌肉中分离的多糖、活性肽、酶等。泥鳅多糖主要由岩藻糖和半乳糖组成，能明显降低血清转氨酶和肝肿胀，增强机体免疫力，对炎症有抑制作用，增高血红蛋白含量，抑制组织脂质过氧化反应以及增加血浆中 SOD 活性。多肽易被人体消化吸收，同时具有抗氧化、抗疲劳、调节激素、降血压等功能，利用泥鳅多肽可以开发各种保健食品。从泥鳅黏液中可以分离出抗菌肽泥鳅素，其对微生物表现出很强的广谱抗菌活性，为开发新的抗生素开辟了广阔的前景。从泥鳅黏液中还分离到两种凝集素，其可以作为研究细胞膜结构的探针，并可用于光镜或电镜水平的免疫学、细胞学研究工作，在探索细胞分化、增生和恶变的生物学演变过程，显示肿瘤相关抗原物质，以及对肿瘤的诊断评价等方面均有重要价值。以泥鳅黏液组织为原料，还可以制备出透明质酸，它具有较高的特性黏度值和较强的保湿性，已被广泛应用于医学和美容。因此，如果更加注重泥鳅等水产品的精深加工，将目标人群进一步精准定位，制定相应的营销策略，完全可以使稻鳅等农产品身价倍增，在同类产品当中脱颖而出。

第三节　营销推广方法与技巧

一、已有的农产品营销模式

1. 传统垂直销售模式

农产品的传统垂直销售可以分为两个方向，即上游和下游。一方面，农户可以作为生产商将自己生产的农产品销售给下游的零售商；同时，农户和零售商也又可以将农产品销售给上游的供应商。也就是说，生产商（农户）和零售商都可以与上游的供应商形成供货关系，该模式的优势是经历了长期的实践，已经产生了许多深入且独具特色的服务内容与盈利模式，易于被人们接受；劣势是产业链断裂问题。这种模式形成的产业链中大量存在着上下游关系和相互价值的交换，上游环节向下游环节输送产品或服务，下游环节向上游环节反馈信息。但这样一种单线型的产业链极易因为信息不对称、失真或反馈不及时等导致产业链断裂。当前，社会经济已经步入数字经济时代，农产品沿用传统分销模式，也即按照生产商（农户）—零售商—供应商—经销商—消费者进行销售，已经凸现资源错配、管理缺陷等很多问题，如农产品经过层层环节后，利润大部分流向中间环节，农户承担了巨大的生产成本、资金风险和劳动力投入，最终收入微薄甚至亏损。

2. 水平销售模式

水平销售模式是将农产品行业中相近的交易过程集中到一个场所，为企业的采购方和供应方提供交易机会。如大家常见的菜市场、批发部，通过水平销售连接起来，给采购方和供应方提供较为接近方便的选择，但是对于农产品来说，这种方式不能保证农产品的新鲜度，并且在不同时间和价格不固定的情况下会出现浪费现象。这种模式产生的交易往往要耗费生产商、零售商、供应商大量的资源和时间，无论是销售、分销或采购都要占用农产品的成本。

双方为进行交易投入的人力、物力和财力都是巨大的，不能实现物流的高效运转和统一，做不到最大限度地控制库存。

3. 自建销售模式

农产品的供应商通过自身的电子商务平台，串联起行业整条产业链，供应链上下游企业通过该平台实现资讯共享、沟通、交易，将所有的农产品进行线上线下的同步销售。线上销售可以突破地域限制，并且可以将代理商与产品进行信息化、数据化管理，通过数据库可以大大减少人力、物力、财力的投入，节约成本，并且使配送更加简捷、方便。但是对于基层农户来说，线上销售是一个比较不容易实现的活动，这种电子商务平台也是过于封闭，缺少产业链的深度整合。

4. 线上线下资源整合模式

基于生鲜产品的特殊性以及O2O模式的固有缺陷，线上APP和线下社区相结合，以消费者为中心，为用户提供各项便利和满足用户的各项需求。该模式正是弥补生鲜市场O2O的理想模式。线上APP和线下社区相结合，以消费需求为核心，进行个性化定制，多方面、多角度满足不同层次需求，而且渠道供应链透明化，可以增强用户信任感。该模式为生产基地或主产区的农户生产收获后，由地方种植大户或者经纪人收购并运输到各地的区域中心厨房。区域中心厨房净菜分拣加工按照订单配送各个网点。

二、稻鳅综合种养营销推广方法与技巧

稻鳅综合种养产业高质量发展，要摆脱以往的路径依赖，破除内部障碍和外部约束，着力优化发展路径，把"绿色食品+"的国内外标准相结合，形成叠加效应，积极推进稻鳅综合种养产品健康有序发展。一方面，应该推动组建稻鳅综合种养产品采购商联盟，组织引进一批稻鳅综合种养产品采购商，培育扶持一批当地稻鳅综合种养产品经纪人，推进采购商通过经纪人与生产者的对接；另一方面，应该加快建设稻鳅综合种养产业示范与孵化基地，创响一批

"国字号"稻鳅综合种养品牌,唱响"稻鳅种养、绿色健康"宣传口号,推动稻鳅综合种养产业高质量发展。

1. 强化品牌宣传,完善要素支撑体系

各级政府要重视稻鳅综合种养产品宣传,讲好地标品牌故事,推广成功的管理经验,提高产品"软实力"。同时,要构建与现代产业体系发展相匹配的稻鳅综合种养产业发展要素供给体系,以要素资源供给助力产业高质量发展。强化稻鳅综合种养产品生产能力,加大基础设施建设投入,科学保护优良品种种质资源,积极研发绿色种养技术,应用推广生产、加工、保鲜、贮运等新技术、新设施、新装备。加强特色水稻、泥鳅种质资源的提纯、复壮、保持和改良,加快制定提升特色品质的生产技术规范,用科技创新助推稻鳅综合种养产业发展。研究集成绿色生产技术,制定绿色生产技术规程;以智慧监管为手段,建立健全质量安全监管和追溯体系;以优质优价为目标,大力开展加工包装、保鲜贮运等技术创新。强化工商资本和金融资本支持力度,创新投融资机制模式。鼓励青年人才参与稻鳅综合种养创业创新,引导青年人才大力发展稻鳅综合种养新产业、新业态,畅通回乡助力稻鳅综合种养产业发展渠道。

例如,特色水产深度开发已经成为渔业经济增长新的亮点,目前,国内外对泥鳅加工的常规技术主要体现在保鲜冷冻方面,而采用现代生物技术、纳米均质技术、超音速环形射流喷雾干燥技术、真空冷冻干燥技术、流化床超音速气流超细微粉碎技术等先进的高尖端生产设备和生产技术开发研制系列保健食品和营养滋补品,特别是富含胶原蛋白的水产品饮料和胶囊,是未来水产品深度开发的发展方向。再如对泥鳅加工中产生的下脚料进行综合利用,开发鱼油、骨粉等副产物。目前已对泥鳅多糖、活性肽、凝集素、抗菌肽、透明质酸等活性物质进行了充分研究,为泥鳅保健产品的开发奠定了理论基础,因此开发泥鳅相关冻干粉、口服液等保健产品成为可能,这也是助推泥鳅产业高质量发展的重要方向。高附加值的泥鳅保健产品虽然面对的是小众高端市场,但其可极大提升泥鳅的产品形象，进一步拓展泥鳅的社会需求。

2. 创新消费模式，构建产业发展体系

泥鳅在营养方面的历史积淀深厚，因此，稻鳅综合种养产业的发展壮大，应以泥鳅餐饮创新加工为突破口，培养泥鳅特色饮食习惯，开发泥鳅养生文化，引导国内泥鳅消费需求，牢牢抓住泥鳅"休闲""营养"和"保健"等优势进行整体营销。创新消费模式，结合乡村产业振兴等国家重大政策，研究开发稻鳅综合种养相关的农旅休闲项目，制定稻鳅综合种养产品目录，积极参加相关农产品产销对接和宣传推介活动，在展会上设置稻鳅综合种养产品产销对接专区。

按照"品种、品质、品牌、标准化生产，垂直化营销"的发展思路，切实提升稻鳅综合种养产业乡村振兴的示范引领功能。构建现代产业体系，大力推广"稻鳅综合种养产品＋新型经营主体＋养殖户"的新型农业产业化模式，积极探索稻鳅综合种养产业与小农户间的有机衔接，扶持培育一批以稻鳅综合种养产品为主业的龙头企业（合作社），特别要加大对深加工、营销等主体的培育扶持力度。建立品牌联动机制，形成发展合力，确保稻鳅综合种养产品特色和质量安全，带动农户通过种养殖、加工稻鳅产品全面实现乡村振兴。如今，随着消费场景的变化，消费习惯的转移，为电子商务渠道从 PC 端向移动互联网端的转型、加快向三四线市场渗透提供了助推剂，也为稻鳅综合种养产业在电商渠道变革中寻求新的发展之策带来了新的契机。稻鳅综合种养产业必须积极围绕并面向消费者农产品消费升级、休闲农业体验与需求，主动拥抱消费模式、技术和渠道的变革，才能拥抱新时代，在新一轮竞争中占据优势。

3. 激活内生动能，打造品牌价值体系

通过互联网营销，融合休闲渔业，做足"休闲""营养"和"保健"文章，以大众消费为主体，以人文情感为基调研发主导新菜品；另一方面，将泥鳅菜肴的加工过程标准化，并结合速冻、膨化等食品加工工艺，开发成泥鳅系列休闲食品。在工艺研究的基础上，提升泥鳅休闲食品绿色无公害品质是进一步发展的重点。

　　加强电商培训，培育稻鳅综合种养产品电子商务供应链，推动相关产品电商化、品牌化、标准化，打造一批网红稻鳅综合种养产品子品牌，提高市场知名度和水产品价值，从而促进农民增收。围绕"稻鳅种养、绿色健康"，做好稻鳅综合种养产品的子品牌宣传策划工作，提升稻鳅综合种养产品的形象，利用大数据、"互联网+"等新媒介和新手段开展多方位的宣传工作。创新品牌宣传形式，多形式开展地理标志水产品进社区、进超市、进单位等宣传活动，将稻鳅综合种养产品人文历史、品质特色与休闲渔业、民俗节庆、渔业文化科普、渔村景观等一体推介，增强宣传推介的互动性和体验性，引导公众增强稻鳅综合种养产品消费理念。制定扶持稻鳅综合种养产品规模开发配套政策，打造好相关发展平台，促进形成稻鳅综合种养产品的资源聚集、品牌建构、质量控制、特色种质、优良生态等方面的优势。依托稻鳅资源，用好生态优势，锁定稻鳅综合种养产业，把其作为乡村振兴的支柱产业、农民增收致富的亮点产业。

稻鳅生产技术规程

1　范围

本文件规定了稻鳅共作的术语和定义、产地环境、稻田改造、水稻栽培、鳅苗放养、共作管理及收获等技术。

本文件适用于江西省稻鳅综合种养基地。

2　规范性引用文件

下列文件对于本文件的应用是必不可少的。凡是注日期的引用文件，仅所注日期的版本适用于本文件。凡是不注日期的引用文件，其最新版本（包括所有的修改版本）适用于本文件。

GB 11607　渔业水质标准

NY/T 391　绿色食品　产地环境技术条件

NY/T 471　绿色食品　饲料及饲料添加剂使用准则

NY/T 755　绿色食品　渔药使用准则

NY/T 394　绿色食品　肥料使用准则

NY/T 1868　肥料合理使用准则　有机肥料

SC/T 1135.1　稻渔综合种养技术规范　第 1 部分：通则

DB36/T 567　A 级绿色食品　水稻生产技术规程

3　术语与定义

3.1　稻鳅共作（rice-loach co-cultivation）

在种植水稻的田块中同时养殖泥鳅或台湾泥鳅的一种种养结合模式。

3.2　沟坑（ditch and pit）

在稻田中开挖的集鳅坑（沟）。

4　产地环境

4.1　产地

符合 NY/T 391 规定的产地环境质量要求。

4.2　水源

水源充足、无工业污染，水质应符合 GB 11607 的规定。

5　稻田改造

5.1　稻田选择

养殖稻田要符合 NY/T 391。要求地势平坦，保水力强，无渗漏，水源充足，水源水质应符合 GB 11607 的规定。土质以壤土或黏土为宜。

5.2　田间工程

田间工程建设须符合 SC/T 1135.1 的要求。

5.2.1　沟坑开挖

在稻田的一边开挖深 1.0～1.5 m 的暂养沟（坑），面积根据田块大小确定，以暂养沟（坑）面积占稻田面积的 5% 为宜。沿田埂内侧，距埂 0.5～1.0 m 挖环沟。面积稍大的稻田（0.2 hm² 以上）可在田中加挖"十"字形或"井"字形的田间沟。田间沟宽 0.5 m，深 0.3 m，暂养沟、环沟、田间沟面积之和不超过稻田总面积的10%，并做到沟沟相通。为方便以后起捕，暂养沟底可铺一层塑膜或刀刮布，然后在其上平压一层 10～15 cm 的淤泥。

5.2.2　田埂加固

用开挖沟坑的土方加高、加宽田埂，并夯实加固，严防漏水。

5.2.3　进排水口及防逃设施

进水口和排水口宜依据地势呈对角线设置。进水口和排水口地基要求相应宽些，并夯实加固，用 20 目的筛绢或聚乙烯网片等做防逃设施。

5.2.4　防害设施

放养台湾泥鳅的稻田须采取防害措施，架设驱赶或防范鸟类的设施，防止鱼鹰、白鹭、夜鹭等天敌的侵害。

6　水稻栽培

6.1　品种选择

选择生长整齐、株形紧凑、茎秆粗壮、分蘖力中等、抗病抗虫、耐湿性强的中熟或晚熟品种。

6.2　种植密度

每年5月中旬6月初种植水稻，可采用机插或人工移栽方式进行，每公顷插12万～18万丛，每丛2～3株。

6.3　晒田

晒田参照DB36/T 567的规定执行，以多次轻晒为主。

6.4　施肥

稻鳅共作的稻田，应在旋耕时每公顷施入有机肥15 000 kg，肥料应符合NY/T 1868规定的要求。追肥参照SC/T 1135.1和DB36/T 567的规定。

6.5　植保

提倡安装太阳能诱虫灯、性诱捕器等防治措施，有条件时可栽种蜜源植物、香根草等诱捕成虫或越冬螟虫，降低水稻病虫虫源基数，病虫害发生时按DB36/T 567的规定执行。

7　鳅苗放养

7.1　苗种选择

鳅苗应采购于具有水产苗种生产许可证的苗种场，宜选用良种。

7.2　消毒

鳅苗放养前对稻田中的暂养沟、环沟、田间沟要彻底消毒，每公顷用生石灰1 200～1 500 kg，化水泼洒。

7.3　放苗

5月中下旬水温20℃以上时。采取先放苗后插秧的方法，将鳅苗先放入暂养沟中暂养，待秧苗栽插完毕并返青后加水将鳅苗引入稻田。

7.4　施肥放养品种、规格及密度

稻田放养鳅苗要求体质健壮、规格整齐、无病无伤，放养前使

用 30 ~ 50 g/L NaCl 溶液浸泡消毒，每公顷稻田放养的鳅苗品种、规格及密度如下。

品种	投放规格 / cm	密度 / （万尾·hm⁻²）	起捕规格 / （尾·kg⁻¹）	目标产量 / kg
泥鳅	≥3	30 ~ 45	≥150	≥100
台湾泥鳅	≥3	30 ~ 45	≥100	≥150

8　共作管理

8.1　水位控制

水稻早期田面水深宜保持在 3 ~ 5 cm，后期保持水深 10 ~ 15 m。

8.2　水质调控

正常情况下，5—6 月每 7 ~ 10 d 换水一次，7—9 月每 5 ~ 7 d 换水一次，每次换水量为稻田水量的 1/4 左右。定期用生石灰或微生物制剂调节和改善水质。烤田时应缓慢放水，使鳅苗逐渐进入暂养沟、环沟和田间沟中。

8.3　饲料投喂

宜采用动植物饲料合理搭配的配合饲料为主，蛋白质含量 26% ~ 28%。投喂方法及投饲量参照 SC/T 1135.1 的规定，饲料卫生指标及限量应符合 NY/T 471 的规定。

8.4　除草

禁用除草剂，杂草过多时，宜采用人工拔除方式处理。

8.5　鳅病防治

不定期用生石灰等药物预防，预防时生石灰施用量为 225 ~ 300 kg/hm²；发生病害时，病鳅宜进行及时隔离，优先使用生物制剂、中草药治疗。具体用法、用量按 NY/T 755 的要求执行。

8.6　敌害防控

及时驱赶鸟类，清除水蛇、水老鼠等敌害生物。

9　收获

9.1　水稻收割

水稻一般在 10 月底至 11 月上中旬收割，稻草还田处理。

9.2　泥鳅捕捞

9.2.1　台湾泥鳅捕捞

台湾泥鳅达到起捕规格后适时起捕，在暂养沟、环沟中设地笼捕捞，捕大留小，在水稻收割前捕捞完毕。

9.2.2　泥鳅捕捞

泥鳅在 10 月至翌年 3 月起捕。可在暂养沟、环沟中设地笼捕捞，或把水逐步放干，诱导泥鳅集中进入暂养沟后捕捞。

参考文献

［1］葛宏培. 稻鳅共生新型养殖模式与技术典型案例［J］. 科学养鱼，2015（4）：25-26，30.

［2］戚正梁. 稻鳅虾共生轮作生态种养技术［J］. 中国水产，2016（5）：88-90.

［3］廖怀生，文蓉，刘春根，等. 泥鳅稻田高产养殖技术及效益实例［J］. 江西水产科技，2017（2）：26-27.

［4］熊华炜. 稻鳅综合种养生态模式研究［J］. 中国水产，2017（7）：91-92.

［5］习宏斌，龙洪圣，廖再生，等. 稻鳅共作绿色生态种养技术试验［J］. 江西水产科技，2017（5）：15-17.

［6］唐黎标. 浅谈稻田生态种养模式的管理技术［J］. 渔业致富指南，2017（22）：23-25.

［7］唐运革，韦慕兰，梁凌云，等. 泥鳅稻田养殖技术探析［J］. 农技服务，2017，34（24）：138.

［8］刘君楠，王自蕊，张正洲，等. 稻鳅综合种养技术［J］. 江西水产科技，2018（1）：27-28，32.

［9］刘月芬. 稻田养殖台湾泥鳅高产技术研究［J］. 中国水产，2018（3）：85-86.

［10］李艳蔷，晏群. 稻鳅共生种养模式试验研究［J］. 中国农业资源与区划，2018，39（5）：54-60.

［11］向继恩. 稻鸭鳅种养耦合对稻米品质的影响［D］. 长沙：湖南农业大学，2018.

［12］廖怀生，甘江英. 江西稻鳅综合种养技术要点及综合开发模式［J］. 渔业致富指南，2019（8）：36-38.

［13］胡俊明. 稻（藕）田泥鳅综合种养技术推广与应用［J］. 渔业致富指南，2019（11）：38-40.

［14］周泉勇，方绍培，王少颖，等. "水蚯蚓-稻鳅"模式下泥鳅营养成分分

析及评价 [J]. 江西水产科技，2019（3）：21-22.

[15] 隆斌庆，陈灿，黄璜，等.“稻+鱼+再生稻”模式对稻田土壤氮、磷、钾养分含量的影响 [J]. 作物研究，2019，33（5）：408-414.

[16] 马本贺，王海华，左之良，等. 稻蛙鳅共作立体生态种养试验 [J]. 水产科技情报，2019，46（5）：264-267.

[17] 中国水产学会. 中国稻渔综合种养产业发展报告（2019）[J]. 中国水产，2020（1）：16-22.

[18] 李艳华，胡佳，冉光强，等. 泥鳅主要养殖模式及其新形势下产业发展趋势探讨 [J]. 科学养鱼，2020（1）：4-6.

[19] 余连渭，王海华.“稻田+塑膜池”稻鳅综合种养试验及其效益分析 [J]. 江西水产科技，2020（1）：17-19.

[20] 江洋，汪金平，曹凑贵. 稻田种养绿色发展技术 [J]. 作物杂志，2020（2）：200-204.

[21] 唐建军，李巍，吕修涛，等. 中国稻渔综合种养产业的发展现状与若干思考 [J]. 中国稻米，2020，26（5）：1-10.

[22] 袁泉，吕巍巍，黄伟伟，等. 稻鳅共作模式下不同施肥量对泥鳅生长和水稻产量的影响 [J]. 上海农业学报，2020，36（5）：17-22.

[23] 曾华. 稻鳅共生田优质绿色水稻生产管理技术要点 [J]. 世界热带农业信息，2020（10）：15-16.

[24] 王宝莲，范峰林，史文竞，等. 稻鳅共生生态种养模式与技术分析 [J]. 科学养鱼，2021（5）：39-40.

[25] 官少飞，胡火根，王海华，等. 一本书明白泥鳅健康养殖关键技术 [M]. 南昌：江西科学技术出版社，2017.

[26] 宋迁红，余开，朱文联，等. 渔稻共作模式在农村精准扶贫中的策略研究——以云南红河哈尼梯田为例 [J]. 农学学报，2019，9（1）：96-100.

[27] 殷建平. 稻虾鳅“轮作+共作”养殖技术 [J]. 中国水产，2017（11）：104-106.

[28] 江新华. 池塘鳅藕种养技术试验 [J]. 中国水产，2016（7）：106-108.

[29] 刘勇，尤伟江. 泥鳅茭白生态种养技术 [J]. 科学养鱼，2018（6）：43.

郑重声明

高等教育出版社依法对本书享有专有出版权。任何未经许可的复制、销售行为均违反《中华人民共和国著作权法》，其行为人将承担相应的民事责任和行政责任；构成犯罪的，将被依法追究刑事责任。为了维护市场秩序，保护读者的合法权益，避免读者误用盗版书造成不良后果，我社将配合行政执法部门和司法机关对违法犯罪的单位和个人进行严厉打击。社会各界人士如发现上述侵权行为，希望及时举报，我社将奖励举报有功人员。

反盗版举报电话　　(010) 58581999　58582371

反盗版举报邮箱　　dd@hep.com.cn

通信地址　　北京市西城区德外大街4号　高等教育出版社法律事务部

邮政编码　　100120

读者意见反馈

为收集对教材的意见建议，进一步完善教材编写并做好服务工作，读者可将对本教材的意见建议通过如下渠道反馈至我社。

咨询电话　　400-810-0598

反馈邮箱　　gjdzfwb@pub.hep.cn

通信地址　　北京市朝阳区惠新东街4号富盛大厦1座　高等教育出版社总编辑办公室

邮政编码　　100029

防伪查询说明

用户购书后刮开封底防伪涂层，使用手机微信等软件扫描二维码，会跳转至防伪查询网页，获得所购图书详细信息。

防伪客服电话　　(010) 58582300

稻鳅综合种养基地（1）

稻鳅综合种养基地（2）

雌鳅

雄鳅

稻鳅综合种养环沟

稻鳅综合种养防逃网安装

水稻插栽

水稻收割

红点　　　充血

出血病

赤皮病

肠炎病

打印病

烂鳃病

杯体虫

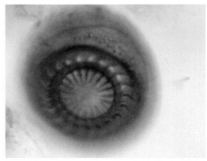

车轮虫

指环虫

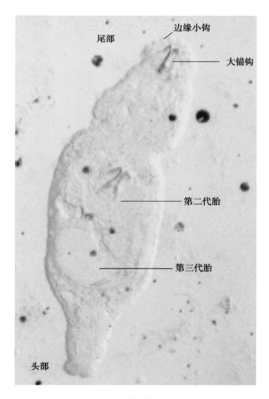

三代虫

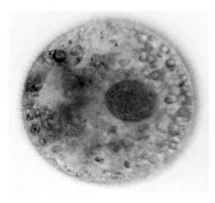

小瓜虫

水霉病

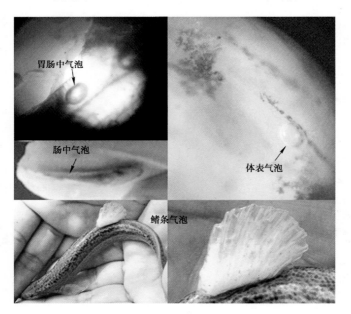

气泡病

应激综合征